553

Einbandgestaltung: Luis dos Santos

Titelbild: André Poling

Bildnachweis: Die zur Illustration dieses Buches verwendeten Aufnahmen stammen – wenn nichts anderes vermerkt ist – von André Poling

ISBN: 978-3-613-71613-1

1. Auflage 2021

Sie finden uns im Internet unter

WWW.TRANSPRESS.DE

Lektor: Hartmut Lange
Innengestaltung: Luis dos Santos
Druck und Bindung: Graspo CZ, 763 02 Zlín
Printed in Czech Republic

Campolide
24E
Campolide
Campolide
(Av. Cons. Fernando Sousa)
Av. Cons. Fernando Sousa
R. Amoreiras
Jardim Amoreiras
Rato
R. Escola Politécnica
Príncipe Real
Glória
Pedro Alcantra
Ascensor Glória
Lg. Trindade Coelho
51E
Lavra
52E
12E
28E
Martim Moniz
R. Maria
R. Forno Tijolo
R. Maria Andrade
R. Maria Fonte
R. Angelina Vidal
Igreja Anjos
Sapadores
R. Palma
R. Graça
Graça
Socorro
Lg. Terreirinho
R. Lagares
Voz Operário
Cç. S. Vicente
15E
S. Tomé
Pç. Figueira
25E
R. Escolas Gerais
Lg. Portas Sol
Miradouro Sta. Luzia
Limoeiro
Sé
Igreja Madalena
R. Conceição
24E
Pç. Luís Camões (B.º Alto)
Calhariz (Bica)
Sta. Catarina
Cç. Combro
Chiado
53E
Lg. Belas Artes
R. S. Paulo (Bica)
R. V. Cordon
R. S. Paulo
18E
Cais Sodré
Conde Barão
Corpo Santo
Pç. Comércio
25E
Campo Ourique (Prazeres)
28E
R. Saraiva Carvalho
Igreja Sto. Condestável
R. Domingos Sequeira
Estrela - R. Domingos Sequeira
Estrela (Basílica)
Cç. Estrela / R. Borges Carneiro
R. S. Bento / Cç. Estrela
Cç. Estrela / R. Teófilo Braga
R. João Deus
R. Buenos Aires
R. Poiais S. Bento
R. Santana à Lapa
R. S. Domingos à Lapa
Lg. Vitorino Damásio
R. S. João Mata
R. Garcia Orta
Santos-o-Velho
Santos
Av. 24 Julho
Santos
Cais Sodré
Cais Rocha
(Museu Nac. Arte Antiga)
Av. Infante Santo
Alcântara - Av. 24 Julho
Calvário
Alcântara-Mar
Ajuda (Palácio)
R. D. Vasco
Alto Sto. Amaro
R. João Barros
Cç. Tapada
Hora
Rio Seco
R. Aliança Operária
Pavilhão Ajuda
Boa Hora
Estação Sto. Amaro
unqueira (Centro Congressos)
Hosp. Egas Moniz
R. Pinto Ferreira
Altinho (MAAT)
elém

NFS

Burg und Ponte de 25 Abril – zwei der bekanntesten Bauwerke Lissabons vom Miradouro da Graça aus gesehen, erreichbar mit der Linie 28.

Ruheoase und Weitblick: Der Aussichtspunkt Santa Luzia bietet Impressionen von Alfama und Tejo.

Von der Burg aus erscheint die Ponte de 25 Abril ganz nah.

Karge Schönheit im Winter: der Miradouro de São Pedro de Alcântara.

Hier kamen Königinnen und Könige an: die Cais das Colunas an der Praça do Comércio.

Die Prachtstraße Rua Augusta und der Largo Luís de Camões.

Ein beliebter Startpunkt: die Haltestelle in der Rua da Conceição

STEIGEN SIE EIN!

Die Fahrt beginnt

Auf eine Bica mit Fernando Pessoa: ein geliebtes Ritual im Chiado.

»Nichts: nur das Geräusch der Elektrischen, wie ein Streichholz, das die Dunkelheit der Seele erhellt und die lauten Schritte meiner ersten Passanten.« **Fernando Pessoa**

Pessoa auf seinem Stammplatz vor dem A Brasileira.

Die Elétrico schaukelt und quietscht, sie legt sich auf die Seite und ächzt und manchmal tänzelt sie auf ihren kleinen Rädern auch grazil um die Kurven. In ihrer Mischung aus poliertem Holz und gelb lackiertem Metall vermittelt sie ein heimelig-nostalgisches Gefühl, dass die Lisboetas, die Bewohner der portugiesischen Hauptstadt, täglich aufs Neue mit Leben füllen. Denn wenn auch eine Fahrt mit den Linien 12E oder 28E zu den touristischen Höhepunkten eines jeden Lissabon-Urlaubs gehört, so werden die Elétricos de Lisboa doch ebenso von den Einheimischen genutzt. Nirgendwo sonst ist der Besucher näher am Alltagsleben der Einwohner, und mit keinem Verkehrsmittel kann er schöner das Stadtzentrum erkunden. Die Straßenbahn gehört eben zu Lissabon wie die Fadomusik, der berühmte Dichter Fernando Pessoa (1888–1935) und die verführerischen Puddingtörtchen Pasteis de Nata.
Die Geschichte der Lissabonner Straßenbahn beginnt im brasilianischen Rio de Janeiro, wo am 18. September 1872 das Unternehmen »Companhia Carris de Ferro de Lisboa« gegründet wurde. Nach amerikanischem Vorbild sollte auch in der portugiesischen Hauptstadt ein öffentlicher Nahverkehr mit auf Schienen dahingleitenden Pferdedroschken geschaffen werden. »Os Americanos« nannte man entsprechend die ersten Zweispänner, die seit dem 17. November 1873 zwischen dem Norden und Osten (Santa Apolónia) und dem Anleger Boa Vista im äußersten Westen der Stadt (Santos) verkehrten und meist von Maultieren gezogen wurden. Das normalspurige Streckennetz wurde rasch ausgebaut, wobei die hügeligen Gebiete der Stadt, wie das Altstadtviertel Alfama, zunächst ausgespart wurden. Einige Jahre später wurde das Schienennetz an den Strom angeschlossen und die erste Elektrische fuhr am 31. August 1901

vom Cais do Sodré bis nach Algés. Nach und nach lösten die »Carros eléctricos de Lisboa« die Droschken vollständig ab. Durch die Motorisierung konnten auch die auf Hügeln gelegenen Stadtteile an das Verkehrsnetz angebunden werden, wo Steigungen von zwölf Prozent und mehr bewältigt werden müssen. Wegen der engen Gassen und der oft scharf abknickenden Straßen wurde die Spurweite auf schmale 900 Millimeter festgelegt. 1906 schlängelte sich die Elektrische erstmals durch die Hügel der Alfama. Bis 1957 wurde das Straßenbahnnetz stetig erweitert. Seine größte Ausdehnung erreichte es mit einer Länge von 76 Kilometern und 27 Straßenbahnlinien.

Mit der Eröffnung der ersten Metro 1959 begann der Rückbau des Straßenbahnnetzes. In der Nelkenrevolution am 25. April 1974 ging das Unternehmen Carris in den Besitz der Stadt über, die zunächst vorhatte, die Straßenbahn ganz einzustellen. Eine Studie aus dem Jahr 1978 riet allerdings davon ab, was zu ersten Modernisierungsmaßnahmen führte, aber auch zu Rationalisierungen, so wurde beispielsweise auf den Schaffner verzichtet. Seit den neunziger Jahren sorgten der dramatisch angewachsene Autoverkehr sowie der kritische Zustand einiger Schienen für weitere Stilllegungen. Ausgebaut hat man hingegen die Linie 12E, die in eine Rundlinie um den Burgberg verwandelt wurde. 2018 reaktivierte man nach 23 Jahren Pause auch die Linie 24E (»E« für Elétrico) wieder.

Das Netzwerk umfasst heute sechs Routen, die auf 48 Kilometern durch die Stadt führen.

Blick in das Depot im Viertel Santo Amaro.

Diese Aufnahmen entstanden in den neunziger Jahren, doch das Depot hat sich bis heute nur wenig verändert.

Der Elevador de Santa Justa im weihnachtlichen Glitzerkleid.

Pausen-Plausch an der Standseilbahn Bica im Bairro Alto.

Weihnachtsbaum und weihnachtliche Tram bei perfekter Lichtstimmung.

Lissabonner Farbspiele: rot für die Stadtrundfahrt, gelb für den öffentlichen Nahverkehr.

TIPPS VOR DER ERSTEN TRAMFAHRT:

- *Da das Ticket beim Kauf in der Tram erheblich teurer ist (3 Euro), empfehlen wir, dass Sie zunächst eine Metrostation ansteuern, einen Kiosk oder eine der sonstigen Vorverkaufsstellen der Carris (weitere Informationen unter carris.pt oder lissabon.org/transportmittel). Dort können Sie Einzeltickets (1,50 Euro) erwerben, ein 24-Stunden-Ticket (6,40 Euro) oder eine Aufladekarte via viagem/7 colinas. Mit den normalen Carris-Fahrkarten können Sie auch die Standseilbahnen und den Fahrstuhl Santa Justa nutzen. Wenn Sie häufiger mit der Elétrico, Bussen oder der Metro fahren wollen, empfiehlt sich die Aufladekarte. Diese kostet einmalig 0,50 Euro und kann innerhalb eines Jahres beliebig oft aufgeladen werden. Planen Sie zudem Museumsbesuche, könnte die Lisboa-Card (Erwachsene: 24-Stunden für 20 Euro) das Richtige für Sie sein, darin ist auch der öffentliche Nahverkehr enthalten.*

- *Die Portugiesen legen Wert auf Höflichkeit. An den Haltestellen werden daher vor dem Einsteigen Warteschlangen gebildet. Sollte eine Tram zu voll sein – machen Sie es wie die Portugiesen und warten. Die nächste Tram kommt bestimmt, und bis dahin können Sie das Treiben auf der Straße beobachten.*

- *Sie steigen in jedem Fall vorne in die Tram ein und durch die hintere Tür wieder aus. Die Fahrer*innen freuen sich über ein »Bom Dia«.*

- *In der Tram befinden sich Automaten, an denen Sie Ihre Fahrkarte entwerten müssen (in den historischen Trams direkt vorne beim Fahrer).*

- *In allen Verkehrsmitteln in Lissabon sind bestimmte Sitzplätze für alte Menschen, Menschen mit Behinderungen oder Schwangere reserviert und müssen bei Bedarf freigegeben werden.*

- *Auch Taschendiebe lieben die Tramfahrten. Geben Sie deshalb auf Ihre Habseligkeiten acht – sicher ist sicher.*

- *Wenn Sie aussteigen wollen, drücken Sie den Halteknopf.*

Ansonsten genießen Sie die Fahrt! Boa viagem!

In der Straßenbahn trifft sich ein buntes Gemisch von Menschen.

Die Bica – eine Art portugiesischen Espresso – trinkt man am liebsten am Tresen.

Eine luftige Fahrt, auf der es immer etwas zu sehen gibt.

Und dazu eine der beliebten süßen oder herzhaften Kleinigkeiten.

Zu besonderen Anlässen schickt Carris auch die älteste noch betriebsfähige Tram auf die Gleise: Nummer 283 aus dem Jahr 1902. Dieser Triebwagen wurde seiner Größe und Gestaltung wegen – er misst stattliche 11,35 Meter – als »formidable Monstrosität« bezeichnet. Da Carris den gesamten öffentlichen Nahverkehr in Lissabon verantwortet, bietet es sich für den Besucher an, Tages- oder Wochenkarten zu kaufen, mit denen nicht nur die Straßenbahn erheblich günstiger genutzt werden kann, sondern auch die drei Standseilbahnen, der Aufzug Elevador Santa Justa, sowie Busse und Metros (24 Stunden-Ticket Carris/Metro kostet 6,40 Euro, Stand Januar 2021). Die rot-weißen Straßenbahnen in historischer Ausführung werden übrigens für Stadtrundfahrten verwendet; Start und Ziel ist die Praça do Comércio.
Einen anschaulichen Überblick über die Geschichte des öffentlichen Nahverkehrs in Lissabon gibt das Carris-Museum. Es befindet sich im Straßenbahndepot in der Rua 1° de Maio an der Haltestelle Santo Amaro, die u.a. von der Tramlinie 15E bedient wird. Hier, im Schatten der Ponte de 25 Abril, kommen Altes und Neues zusammen: Während sich die Straßenbahnfahrer in der Kantine treffen und in den Werkstätten historische und moderne Trams repariert werden, können Besucher im Museu Carris auf über zweitausend Quadratmetern zahlreiche historische Pferdedroschken, Straßenbahnen und Omnibusse bewundern. Für den Transport steht eine restaurierte Straßenbahn aus früherer Zeit bereit, um die Museumsbesucher passend von einer Ausstellungshalle zur anderen zu befördern.
Wie sehr die Lisboetas ihre Tram lieben, bewiesen die Protestaktionen, als die Linie 18E eingestellt werden sollte. Der Widerstand hatte Erfolg: Die Linie blieb erhalten, lediglich die stadtseitige Endhaltestelle wurde verlegt.
Andererseits gibt es Bestrebungen, stillgelegte Straßenbahnrouten wieder zu beleben. Bei der Linie 24E wurden Gleise und Oberleitungen aufgearbeitet und 2005 sogar Probefahrten durchgeführt. Es dauerte allerdings bis 2018, dass der Hauptteil der Strecke als 24E reaktiviert wurde. Lediglich die Streckenabschnitte vom Chiado zum Cais do Sodré und rund um den Platz Largo Trindade Coelho liegen noch brach; ersterer zumindest soll wiederbelebt werden. Pläne gibt es zudem, dass die Linie 15E bis zum Bahnhof Santa Apolónia und später

Wachsamer Schwarzfahrer.

Das Buch muss schon sehr spannend sein, wenn ein Fahrgast das Hinausschauen vergisst.

Bremsenhüter, guarda-freios, werden die Straßenbahnfahrer auf Portugiesisch genannt.

bis zum Parque das Nações verlängert werden soll, auch diese Bauarbeiten wurden bereits eingeleitet; allerdings soll dieser östliche Streckenabschnitt von modernen Straßenbahnen bedient werden. Dennoch soll auch die historische Tramflotte in Zukunft um zehn neue Remodelados verstärkt werden.
Auf welcher Tramstrecke auch immer, der Fahrgast fühlt sich oft an die Beschreibung Fernando Pessoas erinnert: *»Ich fahre in der Straßenbahn und beobachte, wie es meine Art ist, geruhsam und in allen Einzelheiten, die Personen, die ich vor Augen habe. (...) Mich schwindelt. Die Bänke der Elektrischen, aus einem kräftigen engmaschigen Strohgeflecht, befördern mich in ferne Regionen, vervielfältigen sich zu Industrien, Arbeitern, Arbeiterwohnungen, Lebensläufen, Wirklichkeiten, zu allem. Ich steige erschöpft und wie mechanisch aus. Ich habe soeben das ganze Leben gelebt.«*

Immer gut aufpassen im Straßenverkehr!

12E

Ungefähre Fahrzeit in Minuten

Martim Moniz

- Socorro
- Lg. Terreirinho
- R. Lagares
- S. Tomé
- Lg. Portas Sol
- Miradouro Sta. Luzia
- Limoeiro
- Sé
- R. Conceição / R. Fanqueiros
- Pç. Figueira

Martim Moniz

Martim Moniz – Miradouro Sta. Luzia	11
Miradouro Sta. Luzia – Sé	3
Sé – Martim Moniz	7

LISSABON KOMPAKT

Die kürzeste Tramstrecke – rund um den Burgberg mit der Linie 12E

Auch in der Rua do Limoeiro wacht der heilige Vinzenz über Passanten und Tram.

Mit diesen Haltegriffen hat man in der Tram immer sicheren Stand.

Die Gasse liegt noch im Dunkeln, nur das Zwitschern der Vögel durchbricht die Stille. Dann ein heiseres Quietschen. Die Begleitmusik der Elektrischen, wie sie sich rüttelnd um Ecken windet. Wir beschleunigen unsere Schritte. Die Vorfreude treibt uns voran. Die Geschäfte in der Unterstadt sind noch geschlossen. In den Cafés lehnen vereinzelt Gäste an den Tresen, mit einer Bica – einer portugiesischen Espresso-Variante, die vor allem in Lissabon so genannt wird – die Müdigkeit vertreibend. Ungewohnt leer ist die Praça da Figueira. Sie ist neben dem nahegelegenen Rossio und der Praça do Comércio einer der drei wichtigsten Plätze der Baixa. Hier, in der Senke zwischen den Stadthügeln, befand sich im Mittelalter das Hospital Todos os Santos. Als das verheerende Erdbeben 1755 auch das Hospital weitgehend zerstörte, musste es abgerissen werden und eine große, überdachte Markthalle wurde an seiner Stelle errichtet. Heute erinnern nur noch einige Obstgeschäfte an der Ostseite des Platzes an diese Zeit.
Die Praça da Figueira ist Schnittpunkt zwischen dem Geschäfts- und Bankenviertel Baixa, und dem Rossio, der wiederum zur Prachtallee Avenida da Liberdade und ins moderne Lissabon führt. Nur einen Steinwurf entfernt locken das traditionsreiche Café Nicola und die Confeitaria Nacional – die älteste Konditorei der Stadt – mit Kaffeespezialitäten und süßem Gebäck; das bekannte Café Suiça ist inzwischen leider geschlossen. *»Lissabon ist die Stadt der Süßigkeiten, genauso wie Paris die Stadt der Intellektuellen ist. Paris fabriziert Ideen, Lissabon Törtchen«*, konstatierte der portugiesische Schriftsteller Eça de Queiroz (1845–1900) im neunzehnten Jahrhundert.
Ein Fußweg führt von hier aus zum Ascensor do Lavra, der ältesten Standseilbahn Lissabons (siehe Seite 144). Über die Calcada do Duque mit ihren vielen Restaurants – und hundert Stufen – kann man das Bairro Alto erreichen und einen wunderbaren Burg-Blick genießen. Wer einen Abstecher in die Welterbe-Stätte Sintra plant, steuert den Bahnhof Rossio an, ein pittoreskes Gebäude im manuelinischen Stil mit hufeisenförmigen Eingängen. Auch in Sintra gibt es übrigens eine historische Straßenbahn: Die Eléctrico de Sintra bringt ihre Fahrgäste zur Atlantikküste. Wir aber bleiben Lissabon treu.
Die ersten Strahlen der Sonne fallen in die schnurgeraden Straßen der Baixa und lassen den Rio Tejo an ihrem Fluchtpunkt glitzern. Eine alte Dame hat sich für die Morgenmesse fein gemacht und strebt auf die Haltestelle zu. Über die Wartenden wacht die Statue von Dom João I., des Königs, der 1385 die Spanier besiegte. Das

Läuten der Warnglocke kündigt an, dass die Tram eine Straße kreuzt. Klein und rundlich, freundlich und gelb mit weißem Dach kommt sie in Sicht. Die kreisförmige Lampe an der Nase leuchtet noch. Bei dem Modell handelt es sich um einen sogenannten Remodelado, einen modernisierten Altbautriebwagen. Auch, wenn die Zeiten vorbei sind, die Hans Magnus Enzensberger (*1929) noch in »Ach Europa« beschreibt, die Sprossenfenster und aufrollbaren Vorhänge seines Berichts gibt es noch immer: *»Über ein solides Trittbrett besteigen wir die Plattform, die durch ein Scherengitter gesichert ist, und öffnen die Schiebetür. Im Innern des Wagens erwartet uns ein unvergleichlicher Komfort: Sprossenfenster aus honigfarbenem Holz, die sich bei schönem Wetter öffnen lassen, Rouleaus aus braunem Wachstuch, die man, je nach Sonnenstand, höher oder tiefer ziehen kann, Armlehnen aus massiver Eiche und grünbezogene Sitze. Ein lederner Riemen, der durch Messingösen läuft, erlaubt es uns, dem Wagenlenker zu signalisieren, wann wir aussteigen wollen.«*

Kein Platz für Gegenverkehr.

Der Largo Portas do Sol verführt zum Entschleunigen. Einfach nur beobachten, was passiert …

Bei Sonnenaufgang macht der Largo Portas do Sol seinem Namen alle Ehre.

Wie ein Spinnennetz hängen die Oberleitungen vor der Kathedrale Sé Patriarcal.

An der Tramstrecke fällt das Warten nicht schwer.

Leise seufzen die Bremsen, als die Straßenbahn an der Haltestelle zum Stehen kommt. Es ist die Linie 12E. »P. Figueira – Castelo Circulação« steht auf dem Schild über dem Fahrer. Im Uhrzeigersinn fährt die 12E rund um den Burgberg. Es ist die kürzeste Tramstrecke, etwa zwanzig Minuten benötigt sie lediglich für eine Runde. Doch obgleich die Strecke der 12E nicht lang ist, hat sie es in sich: Am Burgberg hat die Tram Steigungen von bis zu zwölf Prozent zu bewältigen.

Die Falttür öffnet sich und wir folgen der alten Frau die Stufen hoch ins Innere. Ein »Bom Dia« mit dem Fahrer getauscht, nach dem Morgengruß die Fahrkarten vor das Lesegerät gehalten. Wir ergattern einen der begehrten Stehplätze neben dem Fahrer, dem Bremsenhüter – guarda-freios –, wie er auf Portugiesisch genannt wird. Von hier aus hat man nicht nur den besten Blick auf das Verkehrsgeschehen, sondern kann auch den Fahrer sehr gut bei der Bedienung seines Gefährts beobachten. Er sitzt auf seinem Drehstuhl, vor sich Kurbel und Knöpfe, zu seinen Füßen Pedale, mit denen er beispielsweise Sand auf die Schienen rieseln lassen kann, damit die Räder beim Bremsen besser haften. Ein großer Beutel mit Kleingeld ist unverzichtbar, neigen doch gerade Touristen dazu, die Fahrkarten mit Scheinen zu bezahlen. Oft liegt auch ein kleines Radio vor der Frontscheibe, so dass die Fahrgäste je nach Temperament und Laune mal mit Klassik, mal mit portugiesischen Popsongs unterhalten werden.

Der Fahrer betätigt den silbrigen Hebel am Fahrschalter. Ruckelnd setzt sich die Tram in Bewegung. Nur wenige Menschen sind unterwegs. Um diese Zeit gehört die Elétrico den Einheimischen, nicht den Touristen. Arbeiter, Rentner, Kinder auf dem Weg zur Schule.

Wir freuen uns auf eine Reise in die Vergangenheit, denn rund um die Burg befinden sich die ältesten Bauwerke der Stadt. Der Legende nach soll der Sagenheld Odysseus Lissabon gegründet haben. Forscher gehen allerdings davon aus, dass die Phönizier die Bucht in Atlantiknähe als erstes als Handelsplatz nutzten. Das Ästuar des Tejo, also der Mündungstrichter, ist für eine Ansiedlung nahezu perfekt. Dieses Strohmeer (mar da palha) mit Brackwasserbuchten umspült die Küste, ehe der Fluss in den Atlantik mündet. Später nannten die Griechen den Ort Olissipo. 205 vor Christus kamen die Römer, dann germanische Stämme, die muslimischen Mauren und schließlich die Christen.

Zunächst geht unsere Fahrt durch das Maurenviertel Mouraria am Nordhang der Festung. Sein Name geht

Höflichkeit und Geduld gehören zu einer Tramfahrt.

Tramfahren macht beste Laune ...

Eine gut gelaunte Dame in Rot.

... oder läd zum Sinnieren ein.

auf die Zeit zurück, als die Christen Lissabon eroberten und die Juden und Moslems vor die Stadttore verbannten. Seitdem ist es ein Viertel, in dem die Ärmsten der Stadt ein Zuhause finden, in dem aber auch Einwanderer aus Afrika, China oder Indien ihr Geschäft oder ihre Wohnung haben. Zugleich gilt Mouraria als die Geburtsstätte des Fado. Dieser Musikstil, der wörtlich übersetzt »Schicksal« heißt, bringt die Saudade der Portugiesen zum Ausdruck, eine spezifische Form des Fernwehs oder Weltschmerzes. Auch heute noch erklingen der getragene Gesang und die begleitende Gitarrenmusik aus Lokalen in Mouraria. Mariza, die berühmteste Fadosängerin unserer Zeit, wuchs in der Travessa dos Lagares in Mouraria auf und beschreibt diese Prägung in ihrem Lied »Meu Fado, Meu«: *»Ich trage einen Fado in meinem Gesang / ich singe in der Nacht bis der Tag erwacht / aus meinem Volke stammt das Klagen / in meinem Gesang hört man die Mouraria.«*

Vereinzelt stehen an den Haltestellen Menschen und winken, um den Fahrer zum Anhalten zu bewegen. Am Largo Martim Moniz kreuzen wir die Strecke der Tramlinie 28E (siehe Seite 116). Bergan geht es durch das Viertel Socorro mit seinen kleinen Geschäften und Restaurants. Die Tram ächzt die Calçada de Santo André hoch. Auf der Kuppe biegt sie hart an einer Hauswand ein und hebt dabei die Nase gefährlich hoch in die Luft. Wenig später mündet sie unter schrillem Warnklingeln in die Schienen der 28E. Bis in die Baixa werden die beiden Linien die Strecke abwechselnd benutzen. Wir betätigen den Halteknopf und der Schriftzug »Parar« leuchtet über dem Fahrersitz auf. Durch die hintere Tür steigen wir, wie es üblich ist, aus.

Ungewohnt leer ist noch der Largo Portas del Sol mit dem Denkmal des Schutzpatrons der Portugiesen, des heiligen Vinzenz. Wo sonst Touristen ein Getränk aus dem Kiosk genießen, Straßenmusiker ihre Melodien erklingen lassen und Tuk-Tuks auf Kundschaft warten, ist es still. Auf dem Rio Tejo spiegeln sich die Sonnenstrahlen, kriechen über die Häuserstufen der Altstadt und die weißen Flanken der Klosterkirche São Vicente de Fora. *»Wer Lissabon noch nicht gesehen hat, hat noch nichts Schönes gesehen«*, heißt es zu Recht bei dem Dichter António Nobre. Das Museu das Artes Decorativas öffnet bald seine Pforten, wir aber schauen uns lieber die dekorativen Künste am nahegelegenen Miradouro Santa Luzia an, dem Aussichtspunkt an der gleichnamigen Kirche. Kunstvolle Azulejos schmücken die Außenwand der Kirche, das Kachelbild zeigt eine Stadtansicht vor

Der Ofen eines Kastanienverkäufers sorgt in der Baixa für eine dramatische Lichtstimmung.

Endstation der Linie 12E, gleich gibt es geröstete Kastanien.

Manchmal führen die Schienen auch auf den Fußweg.

Steigung und Kurve zugleich, ein kleines Abenteuer in der Calçada de Santo André.

dem Erdbeben von 1755. Bänke unter einer Pergola laden zu einer kurzen Rast ein. Oft üben hier Schüler aus der hügelwärts gelegenen Zirkusschule »Chapitô« das Jonglieren.

Auf der anderen Straßenseite geht es steil empor zum Castelo de São Jorge. Die Festungsanlage mit Burgruine gehört zu den wichtigsten Sehenswürdigkeiten der Stadt. Schon die Römer hatten hier 137 vor Christus eine Siedlung. Die Westgoten bauten im fünften Jahrhundert weitere Befestigungsanlagen und die Mauren errichteten schließlich die Burg. 1147 wurde sie von Dom Afonso Henriques erobert und danach Jahrhunderte lang als Königsburg genutzt. Das weitläufige Gelände lädt zum Erkunden ein. Es bietet einen wunderbaren Rundblick über die Stadt, die imposante Ponte de 25 Abril – immerhin die drittlängste Hängebrücke der Welt – und den Fluss. Sehenswert sind aber auch die Ausstellungen zur Lissabonner Geschichte sowie die Camera Obscura.

Nach dem Besuch gehen wir zurück zu den Schienen. Als knarzend und pfeifend eine Straßenbahn hält, steigen wir zu. Gleich darauf donnert sie bergab. Der Fahrer muss kräftig an der Handbremse kurbeln, damit die Tram nicht zu schnell wird. Vorbei geht es an dem Aufgang zu den römischen Ruinen des Teatro Romano. Gegenüber der Flanke der Sé Kathedrale war bis zum Ende der Diktatur 1974 das Aljube-Gefängnis für politische Gefangene. Johannes Mario Simmel (1924–2009) beschreibt es in »Es muss nicht immer Kaviar sein«: *»Hier deponierte jetzt die Polizei ihre Gefangenen, darunter viele unerwünschte Ausländer. Aber es gab auch mindestens ebensoviel Herren, die schlicht gegen völlig unpolitische Paragraphen des portugiesischen Strafgesetzbuches verstoßen hatten. Sie saßen zum Teil in Untersuchungshaft, zum Teil, bereits verurteilt, in Sammelzellen, Einzelzellen und sogenannten ‚Zellen für begüterte Häftlinge'.«* Auch der große portugiesische Schriftsteller Anónio Lobo Antunes hat sich häufig in seinen Romanen mit der Nelkenrevolution beschäftigt, so in »Die Leidenschaften der Seele«. Heute hält das Aljube-Museum die Erinnerung an den Kampf gegen die Diktatur und den Sieg von Freiheit und Zivilcourage wach.

Auf dem Platz vor der Kathedrale steigen wir wieder aus. Wir haben eines der schönsten Fotomotive der Stadt erreicht. Wie klein sich die Straßenbahn vor dem im zwölften Jahrhundert erbauten Gebäude ausnimmt, wie strahlend das Tramgelb gegen die graue Portalfront wirkt! Einem Spinnennetz gleich hängen die Oberleitungen für die Straßenbahn davor. An der Stelle der

Eine der vielen Haltestellen.

Mit der Madalena-Kirche im Hintergrund geht es in die Baixa.

An der Travessa São Tomé kann es schon mal eng werden.

Tram-Versammlung.

Blick auf das Antigo Convento do Carmo.

Nicht nur die weite Schienen-Kurve glänzt in der Nacht.

Eine Straßenflucht in der Baixa im Festschmuck.

Die Stadt der Lichter.

heutigen Sé de Lisboa stand bis zur Eroberung der Stadt durch die Kreuzritter im Jahr 1147 eine Moschee. Der erste Bischof, der englische Kreuzritter Gilbert von Hastings, ließ das islamische Gotteshaus schleifen und die Kathedrale errichten. Im Inneren beeindruckt die älteste Kirche der Stadt durch die prächtige Fensterrosette, bedeutende Grabmäler und die Schatzkammer. Besonders eng ist die Sé mit dem Stadtheiligen Antonius verbunden. Das Becken, in dem dieser getauft worden sein soll, ist noch immer in der Kathedrale zu sehen. Zu Ehren des Heiligen, der als Beschützer der Liebenden gilt, werden bei den Antonius-Feierlichkeiten am 12. Juni 16 Paare auf Kosten der Stadt verheiratet. Ein romantischer Moment bei diesem sonst so turbulenten Stadtfest.
Zu Fuß folgen wir der Straßenbahnstrecke bergab, vorbei an Gaststätten und Fado-Bars. Noch ist die Küche in den Restaurants kalt, aber es duftet schon nach Röstkaffee aus der Pastelaria Cantinho da Sé, durch deren Scheiben man die Trams vorüberziehen sieht. Jetzt ein Galão, ein Milchcafé, der vielen Portugiesen das Frühstück ersetzt. Dazu eines der leckeren Pastéis, denn hier liebt man es auch zum Frühstück süß. Vielleicht ein Jesuita mit Mandelcrème, Tartes de amêndoa e abóra (Mandel-Kürbis-Kuchen) oder ein Pastel de nata? So ein Puddingtörtchen passt doch immer.
Gestärkt überqueren wir die Straße zur Haltestelle. Eine Tram der Linie 12E nähert sich, direkt danach eine 28E. Wir aber wollen unseren Rundkurs um den Burgberg beenden. Der Verkehr hat zugenommen. Die Straßenbahn lässt sich nicht antreiben von drängelnden Taxis oder Lastwagen; eine Tramfahrt ist eben immer auch gemächlich. Alle Sitzplätze sind nun besetzt, aber es gibt ja die Haltegriffe aus Leder, an denen man sich im Stehen festhalten kann. Außerdem ist es nur eine Station bis in die Ebene des Stadtviertels Baixa, wohin wir einen Abstecher unternehmen.
Die Baixa wurde nach dem Erdbeben unter Aufsicht des damaligen Premierministers Marquês de Pombal vollkommen neu gestaltet und besticht durch ihre Gradlinigkeit. Die Straßen verlaufen von Norden nach Süden und von Osten nach Westen. Die acht Längsachsen wurden verschiedenen Handwerkszünften zugeordnet, so gibt es die Rua dos Sapateiros, die Straße der Schuster, die Rua Áurea, die Straße der Goldschmiede, oder die Rua dos Fanqueiros, die Straße der Tuchhändler. In diesem lebendigen Geschäftsviertel finden sich Boutiquen, Restaurants, zahlreiche Büros und Straßenkünstler.

»Hätte ich die Welt in der Hand, tauschte ich sie, dessen bin ich sicher, gegen eine Fahrkarte zur Rua dos Douradores ein«, schwärmt Fernando Pessoa, der einen Großteil seines Lebens in der Baixa arbeitete und dieses Viertel in seinen Gedichten und Notizen verewigte. Er schrieb seine Werke übrigens unter diversen Namen, die jeweils verschiedene Persönlichkeiten aufwiesen, weshalb man sie bei ihm nicht Pseudonyme, sondern Heteronyme nennt. Auch beispielsweise hinter Alberto Caeiro, Álvaro de Campos, Ricardo Reis und vielen anderen steht also Fernando Pessoa. In seiner Lieblingsstraße, wo sich früher das von ihm bevorzugte Restaurant befand, erinnert heute eine Tafel an den Dichter. Man kann auch an interessanten Stadtrundgängen auf Pessoas Spuren teilnehmen.

Der Schriftsteller Alfred Döblin (1878–1957), der vor den Nationalsozialisten floh und in der Pension Glória in der Rua dos Fanqueiros auf seine Weiterreise wartete, war weniger begeistert von der Stadt: *»Lissabon ist, industriell gesprochen, ein moderner Großbetrieb zur Erzeugung von Lärm. Er besitzt zunächst die Elektrischen. Sie fahren in großer Dichte hintereinander, mit oder ohne Passagiere. Sie rumpeln in den Schienen, sie rasseln über das Geleise, sie vermögen die Scheiben zum Klirren zu bringen. Der Fahrer hat mindestens eine Klingel, wahrscheinlich stehen ihm zwei zur Verfügung. Es gelingt dem portugiesischen Fahrer, dass sie tönen, wenn er anschlägt, – und er schlägt ununterbrochen an, es ist reine Freude – wie drei. Es ist ein Klingelfahrer. Sein Wagen hat vorn eine mächtige, schaufelförmige Schutzvorrichtung. Wenn der Wagen damit um die Ecken biegt, hat man den Eindruck: er will Passanten mähen. Die Wagen in Lissabon fahren gern um Ecken, ja vorzugsweise um Ecken, und Lissabon ist darum mit vielen Ecken ausgestattet, weil das Fahren um Ecken eine unglaubliche Vielheit von Geräuschen ermöglicht.«* Auch für weitere Flüchtlinge vor dem Nationalsozialismus war Lissabon eine wichtige Station, wie Alma Mahler-Werfel, Heinrich Mann oder Erika Mann.

Kommerzielle Hauptschlagader der Baixa ist, von dem nur einige Minuten entfernten Kaufhaus Armazéns do Chiado abgesehen, die belebte Rua Augusta, wohin wir nun gehen. Hier befindet sich auch das Museum für Design und Mode, in dem sich Objekte von Weltrang, beispielsweise von Charles Eames, Jean Paul Gaultier oder Yves Saint Laurent besichtigen lassen. Innere Einkehr kann man in der Baixa in der Kirche Igreja de São Nicolau erlangen, mit ihrer Kachelverkleidung von 1850, oder in der kleinen Kapelle Nossa Senhora de Vitória.

Rund um die Tram geht es meist gemächlich zu, eine Straßenquerung ist kein Problem.

Besonders nachts haben die Straßenbahnen eine heimelige Ausstrahlung.

Von hier aus scheint die Burg ganz nah, doch der Weg hat es in sich.

Einkehren kann man aber auch beispielsweise in der Milchbar Leitaria A Camponesa mit ihren wunderschönen Kuh- und Milch-Azulejos von Jorge Pinto. Eine typische Ginjinha, einen Schattenmorellenlikör, bekommt man stilecht in der Stehbar A Ginjinha. Sie können sich zwischen »com« oder »sem« entscheiden – mit oder ohne Kirsche. Seien Sie nicht enttäuscht über das kleine Glas – der Alkoholgehalt ist beachtlich!
Unbedingt sehenswert ist der Elevador de Santa Justa, der die Baixa mit dem hügelan gelegenen Viertel Chiado verbindet. Die stählerne Jugendstilschönheit mit filigranen Eisenornamenten und zwei noblen Holzkabinen wurde 1902 nach Plänen des Ingenieurs Raoul Mesnier de Ponsard, eines Schülers von Gustave Eiffel, gebaut. Gewaltig hoch ragt er vor uns auf. Straßenmusiker spielen auf den Treppen neben dem Fahrstuhl. Die Fahrt mit dem Elevador de Santa Justa sparen wir uns jedoch für später auf (mehr dazu ab Seite 158).
Auch der Blick nach unten lohnt sich: Steinsetzer haben in der Baixa ihrer Mosaikkunst gefrönt, Schiffe, Anker, Schriftzüge und Ranken zieren das Pflaster. *»Ich würde sie Illustratoren oder Juweliere der Bürgersteige nennen«*, ehrt José Cardoso Pires (1925–1998) in seinem »Lissabonner Logbuch« die Steinsetzer.
Wir kehren zurück zur Tramstrecke und warten. Kaum sind wir wieder in der Straßenbahn, neigt sie sich schon zum Abbiegen nach rechts. Da bremst der Fahrer plötzlich und steigt aus. Verwunderte Blicke folgen ihm, schließlich des Rätsels Lösung: der Stromabnehmer ist aus der Leitung gesprungen! Der Fahrer löst ein Seil am hinteren Ende der Tram, zieht am Stromabnehmer und legt ihn wieder ein. Dann geht es um die Kurve. So eng ist die Straße, dass die Schienen weit auf den gegenüberliegenden Fußweg hineinreichen, aber die Passanten sind gewöhnt, dass plötzlich eine Tram ihren Weg kreuzt und weichen aus. Der letzte Streckenabschnitt führt uns wieder zur Praça da Figueira. Endstation. Alle Fahrgäste steigen aus, auch diejenigen, die noch eine Runde drehen wollen. Die nächsten warten bereits, geduldig eingereiht, denn Lisboetas achten sorgfältig auf die richtige Reihenfolge; sich in die Warteschlange einzureihen ist also ein Gebot der Höflichkeit. Der Fahrer plaudert einige Minuten mit dem Maroniverkäufer, der neben der Haltestelle seinen Wagen aufgestellt hat, und duftende Rauchwolken in die Straßenschluchten schickt. Dann startet die 12E erneut zur Rundreise durch Lissabons Vergangenheit.

15E

Ungefähre Fahrzeit in Minuten

Pç. Figueira
5
Pç. Comércio
7
Corpo Santo
Cais Sodré
3
Conde Barão - Av. 24 Julho
Santos
3
Cais Rocha (Museu Nac. Arte Antiga)
Av. Infante Santo
4
Alcântara - Av. 24 Julho
Calvário
Estação Sto. Amaro
5
R. Junqueira (Centro Congressos)
Hosp. Egas Moniz
R. Pinto Ferreira
4
Altinho (MAAT)
Belém
Mosteiro Jerónimos
6
Centro Cultural Belém
Lg. Princesa
Pedrouços
R. Damião Góis
8
Algés - Pç. D. Manuel I
Algés (Jardim)

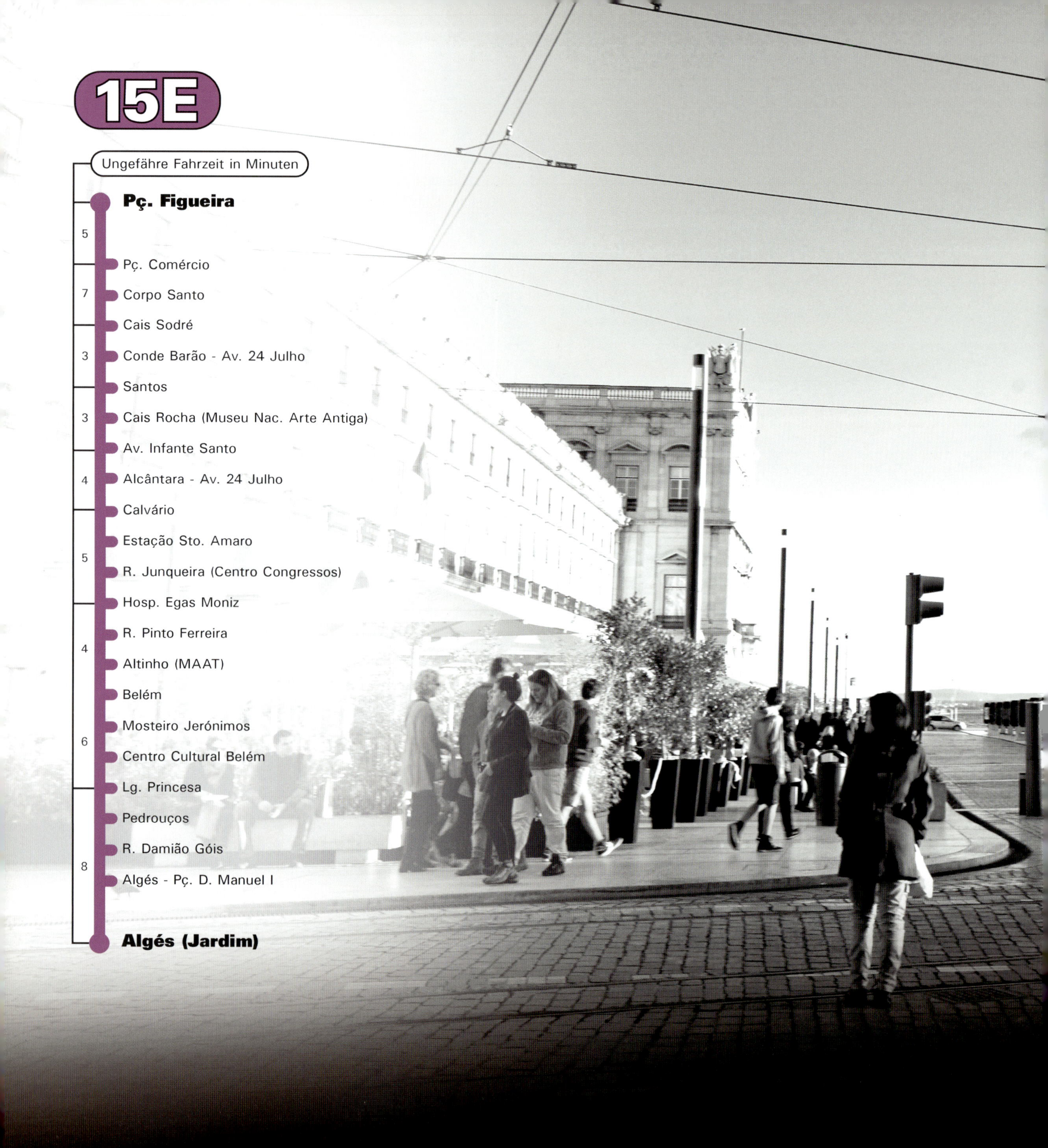

Die Praça do Comércio wird von den Lisboetas auch »Terreiro do Paço« (Schlossplatz) genannt.

DIE MUSEUMSTOUR

Entdeckungsreise nach Bélem mit der Linie 15E

Immer wieder ein schönes Fotomotiv: die Tram vor dem Arco da Rua Augusta.

Eines vorweg: Wer sich mit einer alten Straßenbahn nach Bélem aufmachen will, braucht Geduld. Die Linie 15 mit Zielort Algés wird stark frequentiert, was dazu führt, dass tagsüber überwiegend moderne Gelenkstraßenbahnen statt der historischen Trams eingesetzt werden. Aber das Warten am Startpunkt Praça da Figueira (siehe Linie 12E, Seite 26) oder der nächsten Haltestelle Praça do Comércio fällt leicht. Vor dem Erdbeben befand sich auf der Praça do Comércio das Schloss der portugiesischen Könige, deshalb nennen viele Einheimische ihn Terreiro do Paço (Schlossplatz). Die weite Fläche zwischen Fluss und Baixa gilt heute mit ihren Arkadengängen als einer der elegantesten Plätze Lissabons. Vor dem Triumphbogen, dem Arco Monumental, ziehen die Straßenbahnen der Linien 15E und 25E vorbei – ein hochgeschätztes Postkartenmotiv. Auch fahren hier die roten Straßenbahnen mit ihren Plüschsitzen ab, die für Stadtrundfahrten genutzt werden (siehe Seite 168). Für den Kartenverkauf wurde eine der ganz frühen Trams, der Americanos, abgestellt.

Gelb ist hier nicht nur die Tram, sondern auch die Architektur.

An der Praça do Comércio zwischen Fluss und Baixa befindet sich auch das Lisbon Story Centre, in dem die Stadtgeschichte anschaulich dargestellt wird. Vor allem die aufwändige Computeranimation des Erdbebens von 1755 ist beeindruckend. Kultiviert Kaffeetrinken kann man im berühmte Café Martinho da Arcada, in dem Dichter wie Fernando Pessoa oder der Nobelpreisträger José Saramago ein- und ausgingen und in dem ihnen heute noch Nischen gewidmet sind. Wenn der Sonnenuntergang naht, ist das Flussufer mit den Cais da Colunas der beste Ort. An den säulengeschmückten Marmortreppen aus dem achtzehnten Jahrhundert kamen früher hochrangige Besucher wie Königin Elisabeth II. an, heute sieht man die Containerschiffe vorbeiziehen und den Tejo im Sonnenglanz glitzern.

Wir steigen in die nächste 15E und nehmen auf den lederbezogenen Sitzen Platz. Die Sonne scheint, also öffnen wir das Fenster und genießen den warmen Fahrtwind. Nächste Station der Straßenbahn ist Corpo Santo, wo man die gleichnamige Kirche im pombalinischen Stil besichtigen kann. Wir schaukeln an der berühmten British Bar mit ihrer rückwärtsgehenden Uhr vorbei, die in zahlreichen Romanen verewigt wurde, und zum Bahnhof am Cais do Sodré, von dem auch Metros und Schiffe abgehen. Der Cais do Sodré hat sich vom ehemaligen Rotlichtviertel, in dem die Matrosen sich die Zeit vertrieben, zum lebendigen und schicken Ausgehviertel gemausert. Vor allem um die Rua Nova do Carvalho, wegen des Straßenbelags auch Pink Street genannt, pulsiert das Leben. In der hiesigen Stadtgemeinde São Paulo lebten vor allem Fischer, heute sind es hauptsächlich Handwerker.

Auf der gegenüberlegenden Straßenseite sieht man bereits die große Kuppel des Mercado da Ribeira, des Ufermarktes. Hier lädt der Time Out Market zum Schmausen ein. Der Foodcourt mit portugiesischen Spezialitäten von Traditionsgerichten über Nouvelle Cuisine bis Fast Food erfreut sich großer Beliebtheit. In den Markthallen finden neben Gemüse-, Blumen- und Antikmärkten auch verschiedene Musikveranstaltungen statt.

Zwei Ikonen Lissabons: Burg und Tram.

Die »Blaue Stunde« ist an der Praça do Comércio besonders intensiv.

Eine Tramfahrt voller Ein- und Ausblicke.

An diesem gelben Gerät werden die Fahrkarten bei jeder Fahrt entwertet.

Aromatisch und ein wenig süß: heiße Esskastanien an der Praça da Figueira.

Die einen wollen es luftig, den anderen zieht's.

»Reserviert« – diese Tram müssen die Fahrgäste leider passieren lassen.

Die Straßenbahn rattert weiter über Conde Barão und den Largo Vitorino Damásio zur Haltestelle Santos. An der Rua Santos-o-Velho ragt die doppeltürmige Kirche auf. Wir verlassen die Tram und gehen zu Fuß am Hotel York House in der Rua das Janelas Verdes vorbei, das bereits von Schriftstellern wie John Le Carré und Graham Greene geschätzt wurde. Schließlich erreichen wir das Museu Nacional de Arte Antiga. Diese bedeutende Kunstsammlung befindet sich in einem Adelspalast aus dem siebzehnten Jahrhundert. Im Museum sind die Gemälde alter Meister wie Albrecht Dürer und Hans Holbein sowie u.a. Hieronymus Boschs Altarbild »Die Versuchung des heiligen Antonius« zu sehen. Zudem beherbergt es die wichtigste Sammlung von Gold- und Silberschmiedearbeiten in Portugal.
An der Haltestelle Cais Rocha besteigen wir wieder eine 15E. Es geht am Hafen entlang, wo sich rund um das Viertel Alcântara ein Szenebezirk mit vielen Bars und Diskotheken angesiedelt hat. Aber auch das Orientmuseum lohnt einen Besuch. Schwerpunkte bilden Objekte aus China und Japan, die die Handelsmacht Portugal von den Ostindienkompanien nach Europa bringen ließ, sowie eine Ausstellung zu den Religionen Asiens.
Als die Hängebrücke Ponte de 25 Abril immer näher kommt, drücken wir den Halteknopf. Für das Carris-Museum müssen wir an der Station Santo Amaro die Tram verlassen. Nur ein kleiner Fußweg ist es bis zum Straßenbahndepot, in dem sich das Museu Carris befindet. Das Depot in Santo Amaro besteht seit der Betriebsöffnung im Jahr 1873 und ist das letzte verbliebene der insgesamt drei Lissabonner Carris-Depots. In der Werkhalle sorgen etwa siebzig Arbeiter dafür, dass die Straßenbahnen und Busse laufen.
Am Pförtner vorbei geht es in mehrere Räume des Hauptgebäudes, die der Geschichte des Verkehrsunternehmens gewidmet sind. Am Ende der Ausstellung befindet sich eine Tür, die uns direkt zu einer aufwändig restaurierten Straßenbahn aus dem Jahr 1901 führt. In dem plüschigen Gefährt mit seinen Samtvorhängen und gläsernen Lampenschirmen fühlen wir uns

einen Moment wie in eine andere Zeit versetzt. Leider haben wir bereits nach wenigen Minuten Fahrt die zwei geräumigen Ausstellungshallen erreicht. Hier sind Pferdedroschken, verschiedene historische Straßenbahnen und Busse, aber auch z.B. die Druckmaschinen für die Fahrkarten und Routenpläne zu sehen.
Nach dem Museumsbesuch bietet sich ein Spaziergang zur LX Factory an der Rua Rodrigues de Faria an. Das Gelände einer alten Textilfabrik wurde durch Restaurants, Cafés und Künstler neu belebt. Hier treffen Design und Streetart aufeinander. In einer früheren Druckerei befindet sich auch der schöne Buchladen Ler Devagar mit seinen hoch aufragenden Regalen. Geht es auf den Sonnenuntergang zu, sind die Doca de Santo Amaro die beste Adresse. Am Yachthafen des Docks unter der Ponte de 25 Abril gibt es viele Bars, Restaurants und Diskotheken.
Später geht unsere Tramfahrt mit der 15E weiter. Die Strecke verläuft gradlinig und eben, immer in Sichtweite des Flusses. Wir passieren das Kongresszentrum und ein Krankenhaus. Schließlich kommt das ebenso verspielte wie imposante Jerónimos-Kloster in Belém in Sicht. Die Straßenbahn fährt noch eine Viertelstunde weiter bis zu dem gepflegten Vorort Algés, doch die wichtigen Sehenswürdigkeiten sind in Belém und so verlassen wir den Wagen. Da in diesem Stadtteil an der Mündung des Tejo die Karavellen zu ihren Entdeckungsreisen ablegten, ist der Ort vor allem durch Portugals Goldenes Zeitalter geprägt. Wichtigstes Monument dieses Zeitalters ist die Mosteiro dos Jerónimos. Das ehemalige Kloster der Hieronymiten wurde im manuelitischen Stil errichtet und steht als Weltkulturerbe unter dem Schutz der UNESCO. Die Elemente der Manuelinik stammen vorwiegend aus der Seefahrt, deshalb finden sich zur Dekoration überall im Kloster in Stein gehauene Schiffsseile, Korallen und Muscheln. Im Jerónimos-Kloster gibt es u.a. ein Grabmal für Vasco da Gama sowie das nationale archäologische Museum. Weiteres Monument aus Entdeckerzeit und ebenfalls Weltkulturerbe ist die alte Hafenfestung Torre de Belém. Der trutzige Verteidigungsturm wurde ab 1515 auf einem Felsen im Mündungstrichter des Tejo

Auf dem Gelände einer alten Textilfabrik ...

... treffen in der LX Factory Kunst, Kultur und Szene ...

... inspirierend und lebendig aufeinander.

Noch einmal nach Belém? Dann aber schnell zur nächsten Haltestelle!

Das Denkmal der Entdeckungen hat die Gestalt einer alten Karavelle.

Eine architektonische Meisterleistung der Manuelinik: das Jerónimos-Kloster.

Der Torre de Belém war früher ein Verteidigungsturm.

Hier kann man sich nach den kulturellen Angeboten in Belém stärken.

Pasteis de Nata gibt es in Lissabon überall.

Aber nur in diesem Vorort locken ...

...die berühmten Pasteis de Belém.

errichtet. Doch das Erdbeben von 1755 und die Versandung zerstörten nicht nur den Zwillingsturm auf der anderen Fluss-Seite, sondern trugen den Torre de Belém auch näher an das Flussufer heran. Der Turm mit seinen schönen Steinarbeiten kann besichtigt werden, auch gibt es eine Aussichtsplattform.

Zu einem populären Ausflugsziel hat sich seit 2016 das MAAT, das Museum für Kunst, Architektur und Technologie, entwickelt. Der elegante Neubau am Tejo-Ufer besticht nicht nur durch die Ausstellung, sondern auch durch die Aussichtsplattform auf der Dachwölbung.

Zu den meistbesuchten Museen der Welt gehört das Museu Coleção Berardo im modernen Kulturzentrum mit seiner außergewöhnlichen Sammlung moderner Kunst von Dalí über Miro bis Warhol. Sehenswert sind in Belém ebenfalls das Kutschenmuseum und das Padrão dos Descobrimentos, ein markantes Denkmal in Form einer alten Karavelle, das an die großen portugiesischen Entdecker erinnern soll. Aber auch sonst lädt weitläufige Stadtteil mit seinen Uferpromenaden zu ausgiebigen Spaziergängen ein.

Völlig erledigt von so viel Kultur eilen wir der Konditorei Pastéis de Belém in der Nähe des Jerónimos-Klosters entgegen. Schon von weitem kann man den Duft der frischgebackenen Vanilletörtchen erahnen, für die diese 1837 gegründete Konditorei berühmt ist. Bis auf die Straße stehen die Menschen, um einige Törtchen zum Mitnehmen zu kaufen. Angeblich werden hier jeden Tag zwanzigtausend Stück gebacken. Es heißt, diese Pastéis seien von den Nonnen erfunden worden. Da sie das Eiweiß zum Stärken ihrer Hauben benötigten, ließen sie sich dieses Rezept für die Verarbeitung der Eigelbe einfallen.

Wir ergattern einen Tisch in den mit Azulejos geschmückten Räumen. Ofenwarm kommen die Pastéis de Nata auf den Tisch, je nach Geschmack werden sie mit Puderzucker und Zimt bestäubt. Glücklich genießen wir das Gebäck und die trubelige Atmosphäre. Wie gut, dass es jetzt nur noch ein kurzer Weg zur Tramhaltestelle ist und uns die 15E gemütlich in die Altstadt zurückruckeln wird

Manchmal wirkt es, als wollten die Oberleitungen den klaren portugiesischen Himmel einfangen.

FLORISTA

18E

Ungefähre Fahrzeit in Minuten

Cais Sodré

3

Conde Barão - Av. 24 Julho

Santos

3

Cais Rocha (Museu Nac. Arte Antiga)

Av. Infante Santo

4

Alcântara - Av. 24 Julho

Calvário

Estação Sto. Amaro

5

R. Junqueira (Centro Congressos)

Hosp. Egas Moniz

R. Pinto Ferreira

Altinho (MAAT)

7

Belém

Mosteiro Jerónimos

Die Haltestelle Santo Amaro unter der Ponte do 25 Abril

DIE UNSCHEINBARE

Durch ein dörfliches Viertel zum Palast der letzten portugiesischen Könige mit der Linie 18E

Die Calçada Estrela führt am Palácio de São Bento, dem Sitz des portugiesischen Parlaments, entlang.

Wer eine Tramfahrt pur erleben will, den Palast der letzten portugiesischen Könige besuchen oder den ältesten botanischen Garten Portugals, ist mit der Linie 18E bestens bedient. In diese Tramlinie verirren sich nur wenige Touristen, aber umso wichtiger ist sie den Lisboetas. Als Ende 2011 die Linie 18E eingestellt werden sollte, erhob sich ein massiver Protest, bedient sie doch die begehrten Wohnviertel im oberen Westen der Stadt. Der Widerstand hatte Erfolg, allerdings wurde die stadtseitige Anfangs- und Endhaltestelle von der Rua da Alfândega zum Cais do Sodré verlegt. Zwischen dem Art-Deco-Bahnhof Cais do Sodré und Santo Amaro nutzen 15E und 18E dieselben Gleise (siehe die Seiten 52 und 70). Erst nach der Ponte de 25 Abril biegt die 18E in Richtung Ajuda ab. Wieder einmal geht es bergan, denn der Stadtteil Ajuda liegt nördlich von Belém auf einer Hochebene. Schon bald verändert sich das

Für viele Anwohner ist die Linie 18E wichtig.

Stadtbild. Viele Häuser sind einstöckig, architektonisch eher schlicht und trotzdem oft mit bunten gemusterten Kacheln geschmückt. Die Viertel Boa-Hora und Ajuda wirken beinahe dörflich. Es wundert einen nicht, dass sich hier die einzigen noch erhaltenen Windmühlen Lissabons befinden. Schön ländlich ist auch der große Markt, der dienstags bis samstags am Largo da Boa-Hora abgehalten wird.
In der Calçada da Ajuda verlassen wir die Tram. Nur wenige Schritte sind es zum weithin sichtbaren Palácio Nacional da Ajuda, dem Palast der letzten portugiesischen Könige. Er wurde ab 1802 als Nachfolgeresidenz für das beim Erdbeben zerstörte Königsschloss am Terreiro do Paço erbaut. Die klassizistische Vorderfassade täuscht darüber hinweg, dass das groß angelegte Projekt bis heute u.a. durch die napoleonische Invasion unvollendet geblieben ist und deshalb im Volksmund »halber Palast« genannt wird. In dem Palast sind eine Fülle von Kunstwerken und Möbelstücken zu sehen. Marmorstatuen sind zu bewundern, Kristalllüster, wertvolle Gobelins und das in Blau gehaltene Gemach der Königin. Es gibt

Ein Spiegel hilft dem Fahrer: Stimmt die Fahrtrichtung noch?

Vom Benediktiner-Kloster zum portugiesischen Parlament: der Palácio de São Bento.

Schlichte Haltegriffe erleichtern das Einsteigen.

Ein Augen-Blick im Vorbeifahren.

Schön, mal ein wenig die Perspektive des Fahrers einzunehmen.

Manchmal hat man die Tram beinahe für sich.

SAIDA
ENTRADA
FESTAS LISBOA 12

Ballsäle, einen Kronsaal und ein neogotisches Malatelier von König Luís I. Heute wird der Palast übrigens auch für Staatsempfänge genutzt.

Einen angenehmen Kontrast bildet der Besuch des unterhalb der Palastanlage gelegenen Botanischen Gartens von Ajuda. Er wurde 1768 im Auftrag vom Marquês de Pombal im italienischen Stil angelegt und gilt als ältester botanischer Garten Portugals. Etwa 5000 Pflanzenarten aus Afrika, Asien und Amerika wachsen hier. Kinder toben zwischen akkurat gestutzten Buchsbaumhecken hindurch, im Schatten tropischer Bäume sitzen alte Männer beim Kartenspiel. Auch ein vierhundert Jahre alter Drachenbaum ist hier zu sehen. Die Blicke zieht ebenfalls der Brunnen Fonte das 40 Bicas auf sich, dessen vierzig Wasseröffnungen Tieren wie Seepferdchen, Schlangen und mythischen Kreaturen nachempfunden sind.

Wir laufen noch etwas weiter bis zum höhergelegenen Friedhof von Ajuda, der für die Bediensteten des Königspalastes angelegt wurde, und genießen das Panorama. Außerdem fährt die Tram am Cemitério de Ajuda wieder ab, so dass wir durch die Fenster der 18E die Sehenswürdigkeiten dieses Viertels noch einmal an uns vorbeiziehen lassen können, während unser »Bremsenhüter« wegen des Gefälles eifrig an seiner Handbremse kurbelt.

In Ajuda geht es beschaulich zu.

Endstation ... zurück geht es zum Cais do Sodré.

24E

Ungefähre Fahrzeit in Minuten

Pç. Luis Camões (B.º Alto)

- Pç. Luis Camões (B.º Alto)
- 5 Lg. Trindade Coelho
- Ascensor Glória
- Príncipe Real
- R. Escola Politécnica
- Rato
- Jardim Amoreiras
- 14 R. Amoreiras
- Av. Cons. Fernando Sousa
- Campolide (Av. Cons. Fernando Sousa)

Campolide

Die 24E im Schatten des Aquädukts

SPANNENDE HÖHEN UND TIEFEN

Mit der 24E vom Herzen des Chiado nach Campolide

Hier ist die perfekte Haltestelle für einen Besuch des beliebten Viertels Principe Real.

An der Praça Luís de Camões beginnt diese Reise mit der 24E, der jüngsten Straßenbahn-Linie Lissabons. Erst 2018 wurden nach 23 Jahren die Schienen aus dem Dornröschenschlaf erweckt und die Strecke erneut in Betrieb genommen. Die Praça Luís de Camões ist die Schnittstelle zwischen den Stadtvierteln Bairro Alto und Chiado (siehe Seite 132 u. 162). Auf dem weiten Platz ist um das Standbild des namensgebenden Nationaldichters und den Kiosk immer etwas los. Hier feierten die Lissabonner 1974 den Sieg der Nelkenrevolution und ihre wiedergewonnene Freiheit, hier beginnen viele Stadtrundgänge und hier treffen sich die Szenegänger, ehe sie ins Nachtleben des Bairro Alto eintauchen. Diese Oberstadt blieb als eines der wenigen Viertel vom Erdbeben beinahe verschont. Quirlig, lebendig, bunt – so kann man das Bairro Alto beschreiben. Zahlreichen Bars, Restaurants und Diskotheken um die Straßen Rua do Norte und Rua da Rosa bieten große Auswahl für Nachtschwärmer. Hier gibt aber auch Hut-Designer neben Bäckern, Modeschöpfer neben dem Fußballclub, Spezialiätengeschäfte, wie das Pérola das Gáveas in der Rua das Gáveas, und Tante-Emma-Läden.
An einer schmalen Verkehrsinsel steigen wir ein. Die Straßenbahn fährt ein kurzes Stück Richtung Chiado, um an der Loreto-Kirche, die im sechzehnten Jahrhundert für die Kaufleute aus Venedig und Genua eingerichtet worden war, schrill seufzend nach links zu schwenken. Die Rua da Misericórda führt leicht bergan. Schon am Largo Trindade Coelho verlassen wir die Tram wieder. Dieser Platz wurde nach José Francisco de Trindade Coelho benannt, der im neunzehnten Jahrhundert als einer der bedeutendsten Heimatdichter Portugals galt. Versandete Schienen erinnern daran, dass früher die Straßenbahn um das Geviert aus Pflastersteinen fuhr. Es muss dieser Platz gewesen sein, den Fernando Pessoa in seinem »Buch der Unruhe« so anschaulich beschrieben hat: *»Um die Mitten [sic] des Platzes knirschen und bimmeln die Elektrischen wie große gelbe Streichholzschachteln auf Rädern, in die ein Kind ein abgebranntes Streichholz schräg als Mast gesteckt hat; sie setzen sich mit lautem metallischem Pfeifen in Bewegung. Rings um die Statue in der Mitte nehmen sich die Tauben wie schwarze Brosamen aus, wirbeln durcheinander als sei ein Windstoß zwischen sie gefahren. Dicke Geschöpfe auf kleinen Trippelfüßen.«*
Mit dem Kiosk und der Statue des Losverkäufers ist der Largo Trindade Coelho ein angenehmer Ort für eine Pause, vor allem, wenn man die Igreja de São Roque

besichtigen möchte. In der Jesuitenkirche befindet sich mit São João Baptista angeblich die prunkvollste katholische Kirchenkapelle der Welt. An die dem Pestheiligen Rochus 1750 geweihte Kirche ist das Museum für sakrale Kunst angeschlossen.
Ein paar Meter weiter den Berg hoch befindet sich die obere Haltestelle der Standseilbahn Ascensor da Glória (siehe Standseilbahnen, Seite 144). Direkt dahinter öffnet sich der kleine Park São Pedro de Alcântara den Besuchern. Von dieser terrassenförmig angelegten Parkanlage blickt man über Stadt und Fluss, über die Baixa bis zu Burg, Sé und der Kirche von Graça. *»Als er an São Pedro de Alcântara vorbeikam, trat er unter die Bäume und lehnte sich ans Gitter. Unten, im dunklen Tal, dehnte sich die Stadt, übersäht von den Lichtpunkten, die die erleuchteten Fenster ausstreuten, und in der Dunkelheit bildeten die Dächer und Gebäude einen Klumpen noch dichterer Schatten. Die Lichter dort unter den Dächern, welche Fülle überschäumenden Lebens mochten sie bedeuten! [...] Wie herrlich bist du Lissabon!«*, heißt es bei dem Schriftsteller Eça de Queiroz.
Wir suchen uns einen Sitzplatz bei dem kleinen Kiosk und stärken uns mit Kaffee und Petiscos, also herzhaften Snacks. Diese Kioske – Quiosques auf Portugiesisch – gelten als Meilensteine der Stadtgeschichte, als Treffpunkte der Nachbarschaft, ja gar als Stadtsalons. 1869 wurde auf dem Rossio der erste dieser verzierten Eisenpavillons errichtet. Er war für diejenigen gedacht, die sich keinen Besuch im Café leisten konnten. Heute sind die Kioske aus dem Stadtbild nicht mehr wegzudenken. Manche sind knallrot, manche grün, einige gelb, mit bunten Markisen und einladenden, schmalen Theken. Manche verkaufen nur Tabak, Lotterielose, Zeitschriften oder Bustickets, die meisten aber haben mindestens ein paar Getränke, Gebäck und Eis im Angebot. Gern genommen werden Pastéis de bacalhau (Stockfischpasteten), Sandes (Sandwich) oder ein Amarguinha (Mandellikör) zum Kaffee. Eines ist allen Kiosken gemeinsam: ihr Angebot ist auch heute noch günstig.
Anschließend machen wir einen Abstecher in das Szeneviertel Bairro Alto. Hier kann man auch auf den Spuren des Bestsellers und gleichnamigen Kinofilmes »Nachtzug nach Lissabon« wandeln, dessen Hauptfigur Amadeu de Prado seine Praxis in einem blauen Haus in der Rua Luz Soriano hat. In der gleichen Straße befindet sich das Hospital São Luís dos Franceses, wo Fernando Pessoa 1935 starb und ein kleines Porträt an den Dichter erinnert.

Einen Durchmesser von mehr als zwanzig Metern haben die Äste der Mexikanischen Zypresse.

Im Hintergrund ragen die Torres das Amoreiras auf.

Richtung Campolide werden die Häuser moderner und größer.

Die 24E wird vorwiegend von Einheimischen genutzt.

Einen Sitzplatz zu finden, ist meist kein Problem.

Hinter dem Aquädukt lockt der Park der Maulbeerbäume.

Wer den Stopp am Kiosk ausgelassen hat, kann nun in der Pastelaria-Padaria São Roque Halt machen. Dabei handelt es sich um ein etwas altmodisches kleines Café mit zauberhaften Jugendstilkacheln und gewölbter Decke, das scherzhaft als »Kathedrale des Brotes« gerühmt wird.

Nach einer weiteren Station mit der Tram haben wir Príncipe Real erreicht. Das Viertel befindet sich nördlich des Bairro Alto und wurde nach einem königlichen Prinzen, dem Sohn von Maria II., benannt. In dem ruhigen, aber lebendigen Wohnviertel mischen sich Arbeiter, Studenten und Künstler. Das Herz des Viertels schlägt im Park Jardim do Príncipe Real. Die Parkanlage ist von vielen Geschäften und Restaurants umgeben, darunter auch dem Laden von Lisbonlovers, in dem man garantiert das passende Andenken findet. Gegenüber des Parks befindet sich die schicke Concept Gallery Embaixada. Im verspielten Stadtpalast Palacete Ribeiro da

Die Tramfahrer müssen oft eiserne Nerven haben.

Der Jardim Botanico ist eine verwunschene Oase.

Flohmarkt im Jardim do Principe Real.

Trubel auf dem Largo Trindade Coelho.

In den Parks der Stadt treffen sich die alten Herren gerne, beispielsweise zum Schachspiel.

Cunha aus dem neunzehnten Jahrhundert gelegen, finden sich hier überwiegend kleine portugiesische Mode- und Designgeschäfte. Am Park gibt es zudem samstags einen Bio-Markt.
Obgleich er an einer vielbefahrenen Straße liegt, die auch von der Tram genutzt wird, ist der Park Jardim do Príncipe Real idyllisch. Der Hauptblickfang ist die mexikanische Zypresse, deren Äste durch ein Gerüst gestützt werden und die inzwischen einen Durchmesser von mehr als zwanzig Meter haben – ein perfekter Ort, um im Sommer Schatten zu suchen. Hier gibt es immer etwas zu sehen. Den Querstraßen folgt der Blick über die Stadt bis nach Estrela. Kinder toben auf dem Spielplatz, alte Männer spielen Schach, es gibt natürlich einen Kiosk, ein Café und sogar etwas zu besichtigen – wenn auch versteckt: Das Reservatório da Patriarcal ist als Wasserreservoir ein Teil des Museu da Água, des Wassermuseums. Die 880 Kubikmeter fassende, achteckige Zisterne aus Backstein wurde mit Wasser aus dem Aquädukt das Águas Livres gespeist, von dem wir im Laufe dieser Tram-Reise mit der 24E noch mehr sehen und erfahren werden.
Vom Jardim do Príncipe Real lassen sich zu Fuß verschiedene Abstecher machen, wie zum Nationalen Naturmuseum, dem Museu Nacional de História Natural e da Ciência, und dem Botanischer Garten der Universität. Dieser Botanische Garten wurde 1878 ins Leben gerufen und beherbergt achtzehntausend Pflanzen. Er ist eine verwunschene und etwas verwilderte Oase der Stille, die einen morbiden Charme besitzt.
Klingeln und das Kreischen von Bremsen kündigen eine Straßenbahn an, und wir zögern nicht lange. Im Gegensatz zu den oft vollen Trams der Linien 12E und 28E finden wir hier sofort einen Sitzplatz.
Wir passieren die bequem und schön gelegene Wohngegend Rato und steigen am Jardim das Amoreiras aus. Hinter den Bögen des Aquäduktes verbirgt sich eine weitere grüne Oase. Eigentlich wurde der Park nach dem Schriftsteller Marcelino Mesquita benannt, aber sogar die Carris bezeichnet die Hautestelle mit dem volkstümlichen Namen, der sich auf die hier wachsenden Maulbeerbäume bezieht. Nach den Plänen des Marquês de Pombal wurden im Jahr 1759 über dreihundert Maulbeerbäume gepflanzt, um die ansässige Seidenindustrie anzuspornen, denn die Seidenraupen ernähren sich ausschließlich von diesen Blättern. In dem von Villen umsäumten Park gibt es einen Kiosk mit Terrasse und einen Spielplatz.

Streetart kurz vor der Endstation.

Das Aquädukt bietet viele …

pittoreske Perspektivwechsel.

König Dom João V. prägte diese Gegend. Der Monarch ließ das Aquädukt Águas Livres erbauen, und er förderte die Seidenproduktion. Auch in diesem Park kann man nicht nur die Seele baumeln lassen, sondern auch etwas entdecken. Da ist zum einen das Museu Arpad Szenes – Vieira da Silva. Dieses Museum befindet sich in einer alten Seidenfabrik und zeigt Gemälde des Künstlerpaares Arpad Szenes (1897–1985) und Maria Helena Vieira da Silva (1908–1992). Beide nahmen mehrfach an internationalen Kunstausstellungen wie der Documenta teil. Die bekannte Malerin und Grafikerin gestaltete zudem auch den öffentlichen Raum, wie beispielsweise die Metrostation Cidade Universitária.

Öffentlich zugänglich ist auch das Wasserreservoir Mãe d'Água (»Mutter des Wassers«) aus dem Jahr 1746, bei dem es sich um das älteste und größte Wasserreservoir der Stadt handelt. Ab und zu finden in dem stimmungsvollen Gewölbe Konzerte statt, vom Dach aus bietet sich eine weite Sicht. Kachelbilder mit biblischen Motiven zum Thema Wasser schmücken Teile des Aquädukts. Unter den Bögen versteckt sich die 1768 errichtete Kapelle Nossa Senhora de Montserrate. Sie ist der Schutzpatronin der französischen Seidenweber gewidmet, die hierher gezogen waren, um die Seidenindustrie aufzubauen.

Unsere Tram fährt als nächstes unter dem Triumphbogen Arco das Amoreiras hindurch. Je weiter wir nach Campolide kommen, umso mehr verändert sich die Bebauung: die Häuser werden moderner, größer. Plötzlich tauchen die Torre das Amoreiras vor uns auf, markante Türme im postmodernen Stil. Wände voller Streetart flankieren die Strecke, dann erreichen wir die Endhaltestelle.

Der Platz Largo da Estação mit seinem Kiosk wirkt etwas karg. Lange Zeit war Campolide eine Schlafstadt, wie man an den Wohnblocks aus den siebziger Jahren erahnen kann. Heute ist das Stadtviertel auch bei den Studenten der nahegelegenen Universität gefragt, obgleich es sich in der Einflugschneise des Flughafens befindet.

Die Besiedelung von Campolide hing unmittelbar mit dem Bau des Aqueduto das Águas Livres, des Águas Livres-Aquädukts, im achtzehnten Jahrhundert zusammen. Zunehmend wurde das ländliche Gebiet von den Bauarbeitern erobert. Es handelt sich um ein kolossales Industriedenkmal, wie ein paar Zahlen verdeutlichen: Über eine Länge von 19 Kilometern wurde das Wasser

Hinter der Tram ist der Palacete Ribeiro da Cunha.

Die Linie 24E im Bairro Alto …

... und an der Endstation in Campolide.

25E

Ungefähre Fahrzeit in Minuten

Pç. Figueira

4

- Pç. Comércio
- Corpo Santo

7

- R. S. Paulo
- R. S. Paulo (Bica)
- Conde Barão

3

- Lg. Vitorino Damásio
- Santos

9

- Santos-o-Velho
- R. S. João Mata
- R. Garcia Orta
- R. S. Domingos à Lapa
- R. Santana à Lapa
- R. Buenos Aires
- Estrela (Basílica)

5

- Estrela - R. Domingos Sequeira
- R. Domingos Sequeira
- R. Saraiva Carvalho
- Igreja Sto. Condestável

Campo Ourique (Prazeres)

Wendehammer unter Palmen.

DIE ARISTOKRATISCHE

Durch das Lissabon der Paläste mit der Linie 25E

Morgenstimmung an der Praça do Comércio.

Zwischen den Palmen schimmert der Tejo. Gegenüber türmen sich die Häuser der Alfama zu einem Gassengewirr, über das die Sé, die Kathedrale, wacht. Hier, an der Rua da Alfândega, zwischen Fluss und Altstadt, ist Lissabon am ursprünglichsten. Die Alfama ist der älteste Teil der Stadt, viele Häuser haben das verheerende Erdbeben von 1755 fast unbeschadet überstanden.
An einem Wendehammer steht die Straßenbahn der Linie 25E. Die Fahrgäste warten im Schatten der Palmen oder der lila blühenden Jacarandas. Aus den zahllosen Pastelarias und Restaurants riecht es nach frischem Kaffee und gegrillten Sardinen. Um den Platz zieht sich eine typische Reihe bunt gekachelter Häuser, die Wäsche an den Balkonen flattert im Wind, aus der die Casa dos Bicos heraussticht. Dieser Renaissancepalast, das »Haus der Spitzen«, wurde 1523 durch Brás de Albuquerque, einem unehelichen Sohn des damaligen Vizekönigs von Indien, erbaut. Die Vorderseite des im italienischen Stil errichteten Adelspalastes ließ er mit Steinen verzieren, die an geschliffene Diamanten erinnern sollen. Während des Erdbebens wurden große Teile des Hauses zerstört, aber wieder aufgebaut. Heute befindet sich im Casa dos Bicos die Saramago-Stiftung. Der portugiesische Literatur-Nobelpreisträger José Saramago (1922–2010) hat sich in vielen Romanen mit seiner Heimat auseinandergesetzt. Saramagos Asche ist übrigens unter einem hundertjährigen Olivenbaum im Park vor der Stiftung beigesetzt. In »Die Geschichte der Belagerung Lissabons« lässt José Saramago den Leser mit seiner Hauptfigur, dem nachdenklichen Korrektor Raimundo Silva, durch die Alfama spazieren, die er durch den nahegelegenen Arco do Chafariz d'El-Rei neben dem ältesten Brunnen der Stadt betritt. Dieser Torbogen ist nach einem der Springbrunnen der Stadt benannt. Etwas weiter befindet sich das Fado-Museum am Largo do Chafariz de Dentro, in dem man ausführlich der Geschichte dieser Musikrichtung nachgehen kann. Besonders empfehlenswert sind die Führungen am Wochenende, die von einer Fadista und einem Gitarristen begleitet werden. Fado live kann man aber auch erleben, wenn man sich in die Gassen der Alfama begibt. Lokale wie Páteo de Alfama, Tasca Bela, Tasca do Chico oder Clube de Fado bieten ausgezeichnetes Essen und Gesang.
Immer wieder haben Fadista auch der Straßenbahn ein Denkmal gesetzt. In »O Amarelo da Carris« (Text: José Carlos Ary Dos Santos; Musik: José Luís Tinoco) ist die »Gelbe von Carris« eine Metapher für das Schicksal,

das unergründlich seinem Kurs folgt. Während in der Ursprungsversion von Carlos do Carmo die Gitarre das Klingeln der Tram-Glocke imitiert, geht die Fadista Mariza in ihrer Version noch weiter und baut echte Tram-Geräusche in die Aufnahme ein. In »Elétrico Amarelo« (Carlos Te/Rui Veloso, auch interpretiert von Cristina Branco) fühlt sich der Erzähler in seiner gelben Straßenbahn gar wie ein König auf Rädern.
Wir kehren zur Haltestelle zurück. Wenig später verlässt unsere Tram nun auch ihre Ruheposition. Sie fährt ächzend an und hält, die Glocke läutend, an der Haltestelle, um ihre Fahrt in Richtung Campo Ourique bzw. Prazeres aufzunehmen. Vorbei geht es an der Kirche Nossa Senhora da Conceição Velha mit ihrem manuelinischen Portal und den beiden Fenstern, die als einziges das Erdbeben von 1755 überstanden hatten.
Die nächste Station ist die Praça do Comércio in der Baixa (siehe Seite 47). Parallel zur Linie 15E geht es

Ein Plausch unter Kollegen.

Sehnsüchtig erwartete Straßenbahnen.

Durch das Tor des Estrela-Parks fotografiert.

Manchmal passen nicht alle Fahrgäste in die Tram. Dann heißt es: warten.

Auch für die Kleinen gibt es auf einer Tramfahrt viel zu sehen.

Hier wären ein paar Plätze frei. Aber leider in die falsche Richtung.

Dieser Triumphbogen ist das Tor zur Baixa mit ihren zahlreichen Geschäften und Restaurants.

bis zum Cais do Sodré, doch dann biegt die 25E in das Handwerkerviertel São Paulo ab. Auf dem Platz vor der Kirche lockt der älteste Kiosk der Stadt mit salzigen und süßen Kleinigkeiten. Hinter einem Torbogen in der Rua de São Paulo befindet sich die Talstation des Ascensor da Bica, der kleinsten der drei Standseilbahnen Lissabons (siehe Standseilbahnen, Seite 144).
Die Tram rattert weiter über Conde Barão und den Largo Vitorino Damásio zur Haltestelle Santos, anschließend geht es durch Lapa. Das auf einem Hügelkamm gelegene Viertel mit seinen idyllischen Straßen gilt als eine der besten Adressen der Stadt. Neben dem Königspalast Palácio das Necessidades im Westen und dem Parlament im Palácio de São Bento im Osten haben hier viele Botschaften und diplomatische Vertretungen ihren Sitz, es gibt auch hier eine herrliche Fernsicht.
Ein längerer Stopp empfiehlt sich an der Haltestelle Estrela. Manche Straßenbahnen der Linie 25E enden am Estrela-Wendehammer, manche fahren bis nach Prazeres weiter. Oft sieht man die Fahrer am verwitterten Kiosk neben der Kirche ihre Pause verbringen. Die Basílica da Estrela ist eines der imposantesten spätbarock-frühklassizistischen Bauwerke der Stadt. Die weiße Sternenbasilika wurde von den Architekten Mateus Vicente de Oliveira und Reinaldo Manuel auf Wunsch von Dona Maria I. errichtet. Im Inneren überwiegt blassrosa und taubenblauer Marmor, bemerkenswert sind auch die Krippe von Machado de Castro und der Hochaltar des italienischen Meisters Pompeu Batoni. Gegenüber der Kirche befindet sich der Estrela-Park, mit

Vor einer der vielen grünen Oasen an der Strecke.

Manchmal müssen die Fahrer auch außerhalb der Tram arbeiten.

Viele Plätze bestechen durch kunstvolle Pflastergestaltung.

Immer eine Hand an der Kurbel.

Ein- und Aussteigen, bitte!

57.000 qm nach dem Parque Eduardo VII. der zweitgrößte Lissabons. Palmenalleen und Schwan- und Ententeiche sowie ein gusseiserner Musikpavillon laden zum Verweilen ein. Besonders im Frühjahr ist es wunderschön, wenn die Jacarandabäume blühen. Botaniker freuen sich über Drachenholzbäume und seltene Araukarien, die die portugiesischen Entdecker von ihren Reisen mitbrachten. Für Kinder gibt es im Jardim da Estrela einen großen Spielplatz. Man kann picknicken, Sport treiben oder einen Blick auf die Auslage der Parkbücherei werfen, die in einem Kiosk untergebracht ist. Das Parkcafé hat ein wechselndes Angebot von Getränken und Gerichten. Empfehlenswert ist ebenfalls das an der Tramstrecke gelegene Lokal Doce Estrela, das Gebäck und einen typischen Mittagstisch bietet.
Zu Fuß durch den Park erreicht man den Cemitério dos Ingleses. Auf dem englischen Friedhof ruht auch der Autor Henry Fielding (1707–1754). Bergauf geht es zur Campo Ourique. In der Rua Coelho da Rocha befindet sich die letzte Wohnung Pessoas, die heute das Museum Casa Pessoa sowie eine umfassende Bibliothek birgt. Die Hochfläche Campo Ourique wurde Ende des 19. Jahrhunderts angelegt, war damals ein bevorzugtes Wohngebiet und zog in den letzten Jahren vor allem Künstler und Intellektuelle an.
In der Rua Saraiva de Carvalho treffen wir wieder auf die Straßenbahn und nach etwa fünf Minuten haben wir die Endstation Prazeres erreicht. Der Cemitério dos Prazeres, der Friedhof der Freuden, ist die älteste Ruhestätte Lissabons. Er ist eine Stadt für sich, reiht sich unter Zypressenalleen doch ein Familienmausoleum an das andere. *»Eindrucksvoll ist die architektonische Vielfalt. Die Pyramide steht neben der Kapelle, die Burg neben dem Tempel, die Villa neben der Pagode. Viele dieser Totenhäuser sehen geradezu bewohnt aus«*, beschreibt Hans Magnus Enzensberger ihn in »Ach Europa«. Die Grabstätte der Familie Pessoa ist heute noch zu sehen, die Gebeine des Dichters sind jedoch 1985 nach Bélem in das Jerónimos-Kloster überführt worden.
Noch einen letzten Blick über die Friedhofsmauer auf die Hängebrücke und den Tejo, dann gehen wir zurück zur Haltestelle. Gerade ist wieder eine 25E im Wendehammer angekommen. Mit Hilfe eines an einem Stab befestigten Spiegels und einer Kurbel dreht die Fahrerin das Rollband mit den Namen verschiedener Endhaltestellen. Als »Alfândega« zu sehen ist, ist sie zufrieden und wenig später lassen wir uns mit der Tram zurück durch die Welt der Lebenden schaukeln.

Auf zum Friedhof der Freuden!

Die Barockkirche Basílica da Estrela im Strahlenkranz.

Kein Nachtzug nach Lissabon, sondern eine nächtliche Tram.

Die Trams sind Teil des Alltags, und doch etwas Besonderes.

28E

Ungefähre Fahrzeit in Minuten

Martim Moniz

4
- R. Palma
- Igreja Anjos
- R. Maria Andrade

4
- R. Maria Fonte
- R. Angelina Vidal
- Sapadores

3
- R. Graça
- Graça

8
- Voz Operário
- Cç. S. Vicente
- R. Escolas Gerais
- Lg. Portas Sol
- Miradouro Sta. Luzia

3
- Limoeiro
- Sé

10
- R. Conceição
- Lg. Academia Nacional Belas Artes
- R. Vitor Cordon / R. Serpa Pinto
- Chiado

10
- Pç. Luis Camões (B.º Alto)
- Calhariz (Bica)
- Sta. Catarina
- Cç. Combro
- R. Poiais S. Bento
- R. S. Bento / Cç. Estrela
- Cç. Estrela / R. Borges Carneiro
- Cç. Estrela / R. Dr. Teófilo Braga
- Estrela
- Estrela (Basílica)

6
- Estrela - R. Domingos Sequeira
- R. Domingos Sequeira
- R. Saraiva Carvalho
- Igreja Sto. Condestável

Campo Ourique (Prazeres)

Der Platz vor der Sé mal aus einer anderen Perspektive.

DER KLASSIKER

Wie für Touristen gemacht: die Linie 28E

Station auf dem Largo Martim Moniz.

Die Linie 28E ist die berühmteste und meist genutzte Straßenbahnlinie Lissabons, sie ist oft die vollste, aber eben auch die schönste, weil sie einen ganz besonderen Querschnitt der Stadt zeigt und die spektakulärsten Abschnitte besitzt. Startpunkt ist der Largo Martim Moniz mit seinem bunten Völkergemisch in Mouraria (siehe Seite 35), wo sich die Wendeschleife um den ganzen Platz zieht. Zunächst fährt die 28E die Rua da Palma und die Avenida Almirante Reis entlang und biegt dann an der Kirche Igreja dos Anjos ab. Steil beginnt der Aufstieg auf den Graça-Hügel. Es heißt ja immer, Lissabon sei wie Rom auf sieben Hügeln errichtet worden. Dabei hatte der Chronist, der diese Behauptung aufstellte, jedoch einen Hügel vergessen: Graça. Das lag daran, dass dieser Hügel hinter der Burg verborgen war, wenn man sich der Stadt mit dem Schiff näherte.

Das lebendige Arbeiterviertel Graça wurde etwa um die Jahrhundertwende angelegt. Auch heute säumen noch gekachelte Wohn- und alte Fabrikhäuser, Werkstätten,

Ein quirliges Stadtviertel.

Cafés und Geschäfte die Straßen. Wer mit dem Gedanken spielt, sich mit Azulejos aus Lissabon das eigene Zuhause zu verschönern, für den ist das Geschäft Cortiço e Netos in der Rua Maria Andrade die richtige Adresse, denn dort gibt es eine große Auswahl ursprünglicher und moderner Kacheln. In der Nähe dieses volkstümlichen Viertels wohnte auch der italienische Autor Antonio Tabucchi (1943–2012), der mit »Lissaboner Requiem« und »Erklärt Perreira« der Stadt ein Denkmal gesetzt hat. Wir haben die Wahl zwischen zwei wunderbaren Aussichtspunkten. Der Miradouro Senhora do Monte befindet sich auf der höchsten Erhebung Lissabons, doch der Fußmarsch wird mit einem weiten Rundblick belohnt. Der zweite Miradouro ist am Largo da Graça und gehört mit seinem Kiosk zu den beliebtesten Lissabons. Benannt wurde er nach der preisgekrönten Dichterin Sophia de Mello Breyner Andresen (1919–2004), die in

Durch die Escolas Gerais geht es nur einspurig.

Gegenverkehr! Manchmal müssen die Fußgänger die Tram vorbeifahren lassen, ehe sie um die Ecke gehen können.

Sonnenaufgang auf dem Largo Portas do Sol.

Gelbe Tram zu »Blauer Stunde« – zauberhaft.

»Navigationen« ihre Heimatstadt poetisch beschreibt: *»Ich sage ‚Lissabon'/Wenn ich vom Süden über den Fluss her komme/Und die Stadt öffnet sich wie geboren unter ihrem Namen/Öffnet sich und steigt auf in ihrer nächtlichen Weite/In ihrem lang gezogenen Schimmern von Blau und Fluss/In ihrem zerklüfteten Körper aus Hügeln«.* Hier kann man auch die Kirche Igreja e Convento da Graça sowie den Konvent besichtigen.

Anschließend kehren wir zur Straßenbahn zurück. Nun rollt die 28E bergab. Der nächste Halt ist gegenüber der Igreja São Vicente de Fora, die als eine der schönsten Kirchen Lissabons gilt. Sehenswert sind auch die Azulejos in dem angrenzenden Augustinerkloster. Die Fliesenbilder zeigen beispielsweise den Angriff von Don Afonso Henriques auf Lissabon sowie Motive aus den Fabeln Jean de la Fontaines. Außerdem befindet sich hier das Pantheon der Dynastie Bragança mit den Särgen der letzten portugiesischen Könige. Hinter der Kirche findet regelmäßig der Flohmarkt Feira da Ladra, der »Markt der Diebe«, statt. Teile der Strecke in Graça wurden zudem von einer hiesigen Künstlergruppe mit Streetart gestaltet.

Bei der Fahrt mit der 28E folgt nun einer der aufregendsten Streckenabschnitte: Eingleisig verlaufen die Schienen durch die engen Gassen der Alfama, der Verkehr wird durch eine Ampel geregelt. So schmal ist die Strecke, dass Passanten warten oder sich in eine Nische drücken müssen, um nicht von der Tram erfasst zu werden. Noch abenteuerlicher muss es allerdings zu der Zeit gewesen sein, die Hans Magnus Enzensberger beschreibt: *»Dann donnern wir durch die kopfsteingepflasterten Gassen der Alfama, bis eine jähe Bremsung uns gegen die Lehne des Vordermanns schleudert. Der Wagen hält aus gutem Grund; an zweigleisigen Verkehr ist, wo die Trambahn fast die Balkone streift, nicht zu denken. Eine umsichtige Verwaltung hat deshalb ein Schilderhäuschen installiert. Ein buckliger Veteran hält hier Wache, und sobald sich ein Wagen aus der Gegenrichtung, unsichtbar für uns, nähert und uns zu zerschmettern droht, steckt er eine rote Kelle aus seinem Unterschlupf, um unseren Fahrer zu warnen.«*

Erst an der Rua das Escolas Gerais, wo sich im Mittelalter die erste Universität Portugals befand, wird die Straße wieder breiter. Ein weiterer eingleisiger Abschnitt folgt, wobei die Engstelle an der Rua São Tomé inzwischen teilweise beseitigt wurde – zum Bedauern der Fotografen. In einer ansteigenden Kurve geht es zum Platz Portas do Sol, was lautes Warnklingeln mit sich

Noch geht es bergab, aber gleich folgt die steilste Steigung.

Zur romantischen Stimmung im Chiado gehört die Tram.

Die Fenster bieten Weitsicht.

Wie in einer Loge genießt man auf dem Fensterplatz die Stadt.

Wird da etwa ein Sitzplatz frei?

bringt, denn ab hier teilen sich die 12E und die 28E ein Stück weit die Gleise (siehe Seite 26). Unter kräftigem Kurbeln der Handbremsenräder fahren wir den Hügel zur Kathedrale Sé Patriarcal hinab. In der Baixa wird der tiefste Punkt der Strecke erreicht, dann geht es schon wieder aufwärts Richtung Chiado. Mit 13,5 Prozent Steigung erreichen wir in der Calçada de São Francisco die steilste Straßenbahnstrecke der Welt. Wie sich die Tram so hinaufquält, glauben wir förmlich den Sand auf die Schienen rieseln zu sehen.
In der Rua António Maria Cardoso, am ehemaligen Sitz des portugiesischen Inlands-Geheimdienstes PIDE aus der Zeit der Salazar-Diktatur, teilen sich die Fahrtrichtungen der 28E. In weiten Bögen holen die Schienen aus,

Die steilste Steigung der Stadt auf der Calçada Nova de São Francisco.

Rua das Escolas Gerais mit einem Hauch Tejo.

Schwarzfahren kann aufregend sein.

Man kann aber auch lässig bleiben.

Oder sich voll reinhängen.

führen um enge Kurven. Die Tram wird langsamer. Laut ertönt die Warnglocke. Ein Auto parkt zu nah an den Gleisen und soll wegfahren. Erneutes Klingeln. Niemand kommt. Der Tramfahrer öffnet die Tür, ruckelt langsam am Auto entlang – Millimeterarbeit für ein starkes Nervenkostüm. Autos sind ein tägliches Hindernis für die Straßenbahn. Oft führen falsch parkende Wagen zu Verzögerungen, manchmal aber packen entnervte Fahrgäste auch an und heben das Auto kurzerhand von den Schienen.

Wir verlassen im Chiado die Straßenbahn, schlendern durch dieses Viertel der Kunst, der Literatur und des Kommerzes. Vor dem traditionsreichen Café A Brasileira sitzt Fernando Pessoa in Bronze. Der Literat Bodo Kirchhoff (* 1948) empfiehlt in »Parlando« das Hotel Borges im Chiado und schreibt: *»Frühstücken sie besser im erwähnten Café Brasileira, wo es zwar weder Brötchen noch Eier gibt, dafür den besten Kaffee Europas; und sitzen Sie unbedingt mit dem Rücken zur Tür, wie es die wahren, gleichgültigen Gäste des Cafés tun, oder stellen Sie sich an die Theke, zum Schein in eine örtliche Zeitung vertieft (beichtstuhlartiger Zeitungsstand im Eingang des Brasileira). In dem Zusammenhang ein Rat: Verlieben Sie sich nicht in diesen Ort mit seinen Blätterteigtörtchen und der Bica in winziger Tasse, kleiner, aromatischerer Bruder des Espresso, mit seinen Dichterlegenden und all den Möchtegerns vor ihren Tagebüchern, besuchen Sie das Café einfach, als läge es bei Ihnen um die Ecke.«*

In der Nähe des A Brasileira kann hinter einer Azulejo-geschmückten Fassade das Angebot in der Livraria Bertrand, der ältesten, durchgehend betriebenen Buchhandlung der Welt, erkundet werden. Der erste Buchladen an diesem Ort wurde 1732 eröffnet. Hier gingen Autoren wie Fernando Pessoa oder Alexandre Herculano (1810–1877) ein und aus, weshalb die heutige Buchhandlung Zimmer nach ihnen benannt hat. Wem nach so viel Kultur der Magen knurrt: Stilvoll essen kann man in dem früheren Adelspalast Palácio Chiado, gerade im Bairro Alto gibt es jedoch auch sehr viele empfehlenswerte einfache Tascas.

Wir passieren die Praça Luís de Camões mit den Linien 24E (siehe Seite 80) und 28E. Schließlich stoßen wir am Largo do Calhariz auf die obere Haltestelle der Standseilbahn Ascensor da Bica (siehe Seite 144). Unweit der Station liegt der stark frequentierte Aussichtsplatz Alto de Santa Catarina. Der weite Blick auf den Tejo, die Statue Cristo Rei und die Hängebrücke Ponte de 25 Abril sowie die häufige Live-Musik machen diesen Ort

Auch im Regen malerisch.

Nie ist das Warten auf eine Straßenbahn melancholischer als in Lissabon.

Ein freundlicher Kiosk auf dem Largo Portas do Sol.

Einfahrt auf den Largo Luís de Camões.

Auch abends sieht die Basílica da Estrela imposant aus.

Der Largo Portas do Sol ist auch für Nachtschwärmer ein beliebter Treffpunkt.

Auf menschenleeren Straßen unterwegs.

so beliebt. Über dem Park samt kleinem Café thront die Statue des Meeresherrschers Adamastor, einer Figur aus dem Epos »Die Lusiaden« des portugiesischen Nationaldichters Luís Vaz de Camões. Einkehren kann man in dieser Gegend beispielsweise in das originelle Restaurant Pharmacia, das in einem ehemaligen Krankenhaus eröffnet wurde. Für Medizininteressierte ist das Pharmazie-Museum nebenan ein Tipp.
Saubere Wäsche flattert zwischen pastellfarbenen Häusern, als wir durch dieses bodenständige Viertel zur Straßenbahn zurückkehren. Einladend leuchtet eine 28E Richtung Prazeres in der Sonne und wir steigen die Stufen hinauf. Die Fenster geöffnet, lassen die Fahrgäste sich den Wind um die Nase wehen. Der Platz neben der jungen, sonnenbebrillten Fahrerin ist besetzt. Lautstark unterhält sich eine Frau mit ihr, so lebendig und vertraut als wären es Freundinnen. Die Strecke führt über die Calçada do Combro und durch ein Wohnviertel. In São Bento trennen sich die Gleise erneut und werden an der Rua do Poço dos Negros wieder zusammengeführt.
Auf halber Höhe des nächsten Hügels taucht rechts der Palácio de São Bento auf, in dem die Assemblia Nacional, das portugiesische Parlament tagt. In dessen Nähe befindet sich in der Rua de São Bento auch das ehemalige Wohnhaus der legendären Fadista Amália Rodrigues, das in ein Museum umgewandelt wurde. Nun muss sich die Tram die steile Calçada da Estrela hinaufquälen. Zwei Jugendliche springen aufs hintere Trittbrett, klam-

Im Windschatten.

Fahrer-Sicht auf einen Kollegen.

mern sich an die Tram. Schwarzfahrer, die den Anstieg nicht per Pedes bewältigen wollen. Als die weiße Kuppel der Basílica da Estrela zu sehen ist, springen sie wieder ab. Die Umgebung der Haltestelle Estrela mit seinem Parkgelände lädt zum Verweilen ein (siehe Seite 109), aber heute dunkelt es bereits. Ab hier nutzen die 25E und die 28E die Strecke gemeinsam, bis sie am Friedhof Prazeres ihre Endhaltestelle erreicht haben. Schon allein wegen der geteilten Streckenabschnitte, von denen wir erst eine Hälfte gesehen haben, steigen wir wieder in die 28E.

Auf dem Rückweg beginnt es zu regnen. Leise schleifend fährt der kleine Wischer über die Scheibe. Regentropfen tupfen die Fenster, die langsam immer dichter beschlagen. Wir reiben eine Fläche frei und blicken auf die Straße hinaus. Die Lichter der Tram spiegeln sich im Straßenpflaster und bringen die Schienen wie kostbare Ketten zum Leuchten. Auch bei schlechtem Wetter ist eine Tramfahrt eben etwas ganz Besonderes ...

Mausoleen mit Aussicht.

Endstation Prazeres: Das Eingangstor des Friedhofs der Freuden.

30

TRAM UND PROZESSION

An diesem Abend steigen alle Fahrgäste der Linie 28 aus, gehen zu Fuß weiter oder mischen sich unter die Gläubigen. Wenn sich die Teilnehmer der Karfreitagsprozession und die Spielmannszüge in der Calçada do Combro versammeln, muss selbst die Straßenbahn innehalten. Schließlich ist die Heilige Woche in Lissabon kein Touristen-Spektakel, sondern gelebter Glaube und geliebte Tradition. Als katholisches Land feiert Portugal die Kirchenfeste ohnehin intensiv. Eröffnet werden die Festas da Semana Santa am Palmsonntag. In den Gottesdienst bringen die Gläubigen Palmwedel und Olivenzweige mit und lassen sie segnen, was Glück bringen soll. Die ersten drei Tage der Heiligen Woche werden still begangen, nicht einmal die Kirchenglocken läuten. Zur Erinnerung an Jesus' letztes Abendmahl mit seinen Jüngern suchen viele Menschen am Gründonnerstag das Abendmahl auf. Am Karfreitag treffen sich die Familien zur gemeinsamen Mahlzeit, bei der traditionell Fisch, oft Bacalhau, serviert wird. Besonders beeindruckend ist später die Prozession im Stadtteil Santa Catarina, bei der sich Gläubige und Musiker aus der ganzen Region die Ehre geben. Startpunkt ist die Kirche. Santa Catarina ist von außen unscheinbar, aber innen eine eindrucksvolle, mit Gold und Stuck verzierte Barockkirche, die ursprünglich Teil eines Konvents war. Im Kirchenschiff werden Marienstatuen und Heiligenfiguren geschmückt und geschultert. Unter Begleitung verschiedener Spielmannszüge geht es anschließend durch die Gassen und Straßen des Viertels. Ein feierlicher, nur durch die Kerzen, die jeder Gläubige trägt, erhellter Zug, der mit der Rückkehr in die Kirche endet.

Am Wochenende findet die Osterwoche einen lauten und fröhlichen Abschluss. Dabei kommt der Genuss nicht zu kurz: Mit geschmortem Lamm, Folar – einem Osterbrot mit einem Ei in der Mitte – und Amêndoa Tipo Francês, in farbigen Zuckerguss gehüllte Mandeln, wird der Ostersonntag begangen.

Treffpunkt für die Prozession ist die Calçada do Combro.

Aus verschiedenen Städten kommen die Spielmannszüge

… um diese Osterprozession würdig zu gestalten.

51E

Ungefähre Fahrzeit in Minuten

- **Glória - Restauradores**
- 3
- **Glória - S. Pedro Alcântara**

52E

Ungefähre Fahrzeit in Minuten

- **Lavra - Lg. Anunciada**
- 3
- **Lavra - R. Câmara Pestana**

53E

Ungefähre Fahrzeit in Minuten

- **Bica - R. S. Paulo**
- 5
- **Bica - Lg. Calhariz**

In der Nähe des Miradouro de São Pedro de Alcântara befindet sich die Haltestelle.

SPEKTAKULÄRES TRIO

Die drei Standseilbahnen Lissabons

Zu Fuß den Berg zu erklimmen, ist auch möglich, aber lange nicht so schön.

Die hügelige Lage Lissabons stellte von Anfang an besondere Anforderungen an die Verkehrsplaner. Was die Überwindung von großen Höhenunterschieden angeht, hat sich vor allem Raoul Mesnier du Ponsard (1849–1914) um die portugiesische Hauptstadt verdient gemacht. Der 1849 in Porto geborene Sohn französischer Eltern schuf als Ingenieur sowohl den Elevador de Santa Justa als auch die noch bestehenden Standseilbahnen Ascensor da Bica, Ascensor do Lavra und Ascensor da Glória.
Die älteste Standseilbahn Lissabons ist der Ascensor do Lavra. Sie wurde 1884 eingeweiht und arbeitete anfangs

Eine schräge Angelegenheit.

noch mittels Wasserballast und später Dampfantrieb, seit 1914 ist sie elektrifiziert. Ihre Talstation befindet sich in der Nähe der Unterstadt Baixa. Wie eine reife Birne – satt-gelb, oben schmal und unten breit – hängt die Standseilbahn auf den Schienen. Zum Einsteigen geht man ein paar Stufen hoch und nimmt auf den quer angebrachten Holzbänken Platz. Danach warten alle darauf, dass die Glühlampe über dem Schaltpult zu leuchten beginnt, denn das Fahren ist nur möglich, wenn beide Fahrzeugführer den Fahrschalter betätigen. Wenn es soweit ist, schließt der Fahrzeugführer die halbhohen Gitter an der Tür. Gemeinsam machen sich beide Standseilbahnen auf den Weg und treffen sich etwa auf halber Strecke.
Mit einer Länge von 182 Metern ist der Ascensor do Lavra die kürzeste der drei Standseilbahnen. Die Steigung hat es jedoch in sich: 25 Prozent beträgt sie bei einer Höhendifferenz von 43 Metern. Nach wenigen Minuten ist die obere Station in der Rua Câmara Pestana erreicht.

Willkommen bei der kürzesten Standseilbahn Lissabons.

Natürlich ist auch diese Haltestelle mit Kacheln verziert.

Kaum gestrichen, machen sich Künstler und Sprayer wieder über die Standseilbahnen her.

Die Wartezeit kann man auch genießen.

Auf und ab, mitten durchs Wohnviertel.

Sobald die Glühbirne leuchtet, kann die Fahrt losgehen.

Die Fahrt lohnt vor allem wegen der Aussicht von dem nahegelegenen öffentlichen Park Jardim do Torel. Dieser ist etwas versteckt gelegen und daher beinahe ein Geheimtipp.

Quasi auf der gegenüberliegenden Seite der Baixa liegt die Standseilbahn Ascensor da Glória. Sie wurde 1885 in Betrieb genommen und ist verkehrstechnisch die wichtigste der Standseilbahnen, verbindet sie doch die belebte Praça dos Restauradores mit der Rua São Pedro de Alcântara im beliebten Viertel Bairro Aalto. Sie ist die Längste der Lissabonner Standseilbahnen (265 Meter), aber auch die mit der geringsten Steigung (18 Prozent; Höhendifferenz 48 Meter). Als einzige ist sie mit längs angebrachten Holzbänken ausgestattet. Die Strecke wird flankiert durch eine Streetart-Galerie, die von der Stadt Lissabon gefördert wird. Einen Steinwurf von ihrer oberen Haltestelle entfernt befindet sich der Miradouro São Pedro de Alcântara, der zu Recht als einer der schönsten Aussichtspunkte Lissabons gilt.

Ein besonderes Erlebnis ist die Fahrt mit der Standseilbahn Ascensor da Bica von 1892, denn sie fährt quasi direkt durch eine Wohngasse. Der Ascensor da Bica (Steigung 19,1 Prozent; Höhendifferenz 45 Meter) verbindet das Handwerkerviertel São Paulo mit der quirligen Oberstadt Bairro Alto. Mit ihm geht es auf 260 Metern vorbei an flatternder Wäsche und durch Küchengerüche. Kinder spielen auf den Stufen direkt vor dem Aufzug. Anwohner sitzen an den Hauswänden und plaudern, dem Fahrstuhlführer ein Scherzwort zurufend. Alte Herren springen zwischendurch behände vom fahrenden Wagen, wenn sie ihr Ziel erreicht haben. Sie ist übrigens auch die Standseilbahn mit der besten Tramanbindung: Direkt an der oberen Station am Largo de Calhariz im Bairro Aalto hält die Linie 28E, an der unteren die Linie 25E. Ihren Taleingang kann man nicht verfehlen: Ein Tor in der Rua de São Paulo mit darüber angebrachten großen Buchstaben lädt zur Fahrt mit der Standseilbahn ein.

Aber nicht nur die Bewohner und Touristen, auch die Sprayer lieben die drei Standseilbahnen Lissabons. Kaum haben die Mitarbeiter des Betreibers Carris sie in frischem Gelb-Weiß lackiert, prangt schon wieder das gesprühte Konterfei einer Schauspielerin, ein Symbol oder schlicht ein Schriftzug auf den Wagen.

Mitten durchs pralle Leben fährt der Ascensor da Bica.

Manche betrachten die Steigung als Herausforderung ...

... andere als geniales Fotomotiv.

An der Standseilbahn Ascensor da Bica ist immer viel zu sehen.

Auch an der Talstation in der Rua de São Paulo muss man nie lange auf die nächste Fahrt warten.

Ein stählernes Kunstwerk in der Tradition Eiffels.

HOCH HINAUS

Mit dem Elevador de Santa Justa
von der Baixa ins Viertel Chiado

Wie ein goldenes Band führt die Rua de Santa Justa vom Fahrtstuhl gen Burg-Berg.

Es ist ein imposanter Anblick, wenn man sich vom Ende der Rua de Santa Justa langsam dem Elevador de Santa Justa nähert. Parallel zu den Häuserwänden ragt der freistehende Fahrstuhl mit seinen sieben Stockwerken 45 Meter hoch auf. Die gradlinige und zugleich filigran wirkende Stahlkonstruktion erinnert nicht ohne Grund an die Bauwerke von Gustave Eiffel (1823–1923) – der Ingenieur Raoul Mesnier du Ponsard (1849–1914) war sein Schüler. Wunderschön auch, wenn das mächtige Bauwerk in der Weihnachtszeit mit Lichterketten geschmückt ist.
Die Fahrt mit dem Elevador de Santa Justa ist für Touristen ein Muss, und auch viele Einheimische wollen sich den steilen Aufstieg ins Viertel Chiado sparen. Schon immer waren die Steigungen zwischen den Stadtgebieten für die Lissabonner eine Herausforderung. Bereits 1882 entwickelte Raoul Mesnier erste Pläne für einen Aufzug zwischen der Baixa und dem Largo do Carmo im Chiado, doch die Errichtung der Stahlkonstruktion ließ noch bis 1902 auf sich warten. Zunächst wurde der Elevador de Santa Justa von einer Dampfmaschine betrieben, 1907 wurde diese durch einen Elektromotor ersetzt. Am Fuße des Fahrstuhls in der Rua Aurea befindet sich der Eingang. An einem Schalter kann man Fahrkarten erwerben, die Nutzung des Fahrstuhls ist jedoch auch mit den Tageskarten des öffentlichen Nahverkehrs möglich.
Mit einem leisen Wubbern kommt einer der beiden historischen Fahrstühle des Elevadors zum Stehen. Quietschend werden die Türen aufgeschoben. Wenn alle Fahrgäste auf der einen Seite ausgestiegen sind, wird die zweite Tür geöffnet und der Einlass beginnt. Früher hatten 24 Passagiere in der Kabine aus dunklem Holz, Glas und Messing Platz, heute sind es 29; für einige gibt es Sitzbänke an den Seiten. Die Fahrt verläuft sanft ruckelnd, die Liftmaschine – im Obergeschoss sichtbar – läuft rund. Oben angekommen, kann man auf einer Aussichtsplattform den Blick über die Stadt genießen. Von hier aus wirken die Schaufensterbummler der Baixa wie Ameisen und die Burg auf der anderen Seite des Tales zum Greifen nah. Über eine schmale Wendeltreppe geht es noch ein Stockwerk höher. Neben der zweiten Aussichtsplattform wartet ein kleines Café auf Gäste. Doch auch die Hügelseite, die man über eine schmale Brücke erreicht, hat etwas zu bieten. Rechterhand erhebt sich die Ruine des erdbebenzerstörten Karmeliterklosters. Die filigranen Rippenbögen mahnen an die Schönheit der Architektur und die Zerbrechlichkeit der Menschen-

werke. Erst 2016 wurde von dem Architekten Alvaro Siza, der auch den Wiederaufbau des Chiado-Quartiers nach einem Brand verantwortete, eine Aussichtsterrasse hinzugefügt. Im Convento do Carmo befindet sich auch das Archäologische Museum mit Fundstücken vom 12. bis zum 18. Jahrhundert. Ein paar Schritte weiter liegt der Largo do Carmo. Plötzlich ist man mitten im quirligen Chiado mit seinen Theatern und Restaurants. Besonders schön ist es hier, wenn die Jacarandabäume blühen und den Platz in ein blau-lilafarbenes Kleid hüllen. Sehenswert sind in der Nähe das Teatro da Trindade und das ehemalige Teatro Ginásio mit seiner Art-deco-Fassade. Auch lädt beispielsweise die Cervejaria da Trindade zu einer Rast ein, ein Bierlokal in einem ehemaligen Klosterbrauhaus mit sehenswerten Azulejos. Oder man geht zu den Fahrgastkabinen des Elevador de Santa Justa zurück. Der Blick in die Straßenschluchten ist auch auf der Rückfahrt schön ...

45 Meter oder sieben Stockwerke geht es hoch.

Nicht nur stabil und praktisch, sondern auch schön.

Vor allem nachts ein Blickfang.

Blick aus der Rua de Santa Justa auf den Fahrstuhl.

Freundliche Fahrstuhlführer kontrollieren die Fahrscheine.

Die Fahrt ist mit einem Ticket des öffentlichen Nahverkehrs möglich – und vor allem günstiger.

Ein traditionsreiches Verkehrsmittel.

Der Ticket-Schalter befindet sich unter der Treppe.

Auch Abends ist Lissabon eine Stadt des Lichts – vor allem zur Weihnachtszeit.

MIT EINEM REISEFÜHRER IM OHR

Die Stadtrundfahrt mit der roten Tram

Oft steht auf der Praça do Comércio links die Tram, in der die Tickets für die Stadtrundfahrt gekauft werden können.

Wenn man auf die Gelben auch manchmal warten muss, eine historische Straßenbahn steht ständig im Lissabonner Stadtzentrum: Auf der Praça do Comércio fungiert eine rot-weiße Tram als Informationshäuschen und Kartenverkaufsstelle für die offiziellen Stadtrundfahrten von Yellowbus bzw. Carristur.
Stadtrundfahrten mit historischen Trams werden seit 1965 in Lissabon angeboten. 1982 wurde Carristur von

Großreinemachen in der Rua da Prata.

dem Verkehrsunternehmen Carris gegründet und ist inzwischen unter der Marke »Yellow Bus« in etlichen portugiesischen Städten der wichtigste Anbieter für Stadtrundfahrten. Allein in Lissabon werden täglich verschiedene Touristentouren mit Open-Top-Bussen, Mini-Bussen und historischen roten Trams befahren. Zehn Straßenbahnen in dem ursprünglichen Rot von 1901 sind heute abwechselnd unterwegs, um die Touristen geschmackvoll durch Lissabon zu befördern. Es handelt sich dabei um Altbautriebwagen, die sogenannten Remodelados aus den Jahren 1935 bis 1940 mit Standard-Wagenkasten, die 1995/96 technisch modernisiert wurden.

Eine stilvollere Verkaufsstelle kann es kaum geben.

Auf geht's zur Stadtrundfahrt.

Hop-on, hop-off - das bedeutet 72 Stunden an über 30 Stationen Ein- und Aussteigen, wo man will ...

... und zusätzlich kostenfreier Zugang zu den öffentlichen Straßenbahnen und dem Aerobus.

Im alten Stil die Stadt erkunden ...

... und zugleich neue Blickwinkel entdecken.

TRAVESSA
ANDRE
VALENTE
COLINAS LISBOA
CIRCUITO
TURISTICO

Bei der »Hills Tramcar Tour« durchqueren die knallroten Straßenbahnen mit den kleinen Fähnchen verschiedener Länder auf dem Dach in eineinhalb Stunden Lissabons Altstadt. Das Ticket kostet etwa 18 Euro (Stand November 2020) und ist 24 Stunden gültig. Nach dem Motto hop-on, hop-off kann ständig aus- und eingestiegen werden.

Die »Hills Tramcar Tour« nutzt Teile der Strecken der Linien 12E, 15E, 25E und 28E (siehe die entsprechenden Kapitel). Die Haltestellen sind oft touristenfreundlich nach den jeweiligen Sehenswürdigkeiten benannt. Ein mehrsprachiges Audiosystem erläutert Geschichte und Denkmäler der Stadt.

Offizieller Startpunkt ist die Praça do Comércio im Einkaufsviertel Baixa. Auf der Strecke der Linie 15 geht es durch die Querstraßen der Baixa bis auf die Höhe des historischen Aufzugs Elevador de Santa Justa. Nächste Station ist die Praça da Figueira. Von da aus fährt sie in das alte Maurenviertel Mouraria. Die Straßenbahn macht am Platz Martim Moniz Halt, in Graça, der Alfama und schließlich auf dem Largo Portas del Sol, von wo aus man zu Fuß die Steigung zur Burg Castelo de São Jorge erklimmen kann. Weiter rattert die Tram zur Kathedrale Sé und erneut durch die Ebene der Baixa (Haltestelle Conceição), dieses Mal in anderer Richtung. Ein Höhepunkt ist der Anstieg der Calçada de São Francisco, der steilsten Straßenbahnstrecke der Welt. Die Rote fährt anschließend durch das schicke Viertel Chiado und macht am Platz Luís Camões Halt. Über die kleine Kuppe des Bairro Aalto gleitet sie zur Calçada do Combro vor der Kirche Santa Caterina, von wo aus man bequem in den Ascensor da Bica steigen kann oder das Szeneviertel Bairro Aalto erkundet.

Durch das grüne Wohngebiet São Bento geht es am Parlamentssitz Palácio de São Bento vorbei nach Estrela. Am Wendehammer vor der weiß strahlenden Basilika dreht die rote Tram und schlägt nun die Strecke der Linie 25E über die Stadtviertel Lapa, Bica und São Paulo ein. Auf dem letzten Stück liegen die Haltestellen Corpo Santo und Praça do Município. Schließlich erreicht die rote Straßenbahn wieder die Praça do Comércio zwischen dem Triumphbogen Arco Monumental und dem Tejo. Die Reise durch Lissabon hat ein Ende, zumindest per Tram.

So viele Straßenbahnen auf einmal gibt es selten zu sehen – und vor allem: keine Autos

Durch das Bairro Alto mit seinen vielen kleinen Geschäften, Bars und Restaurants.

Die Straßenbahn findet sich auf unzähligen Postkarten und Souvenirs.

Rasendes Rot in der Rua da Conceição.

Der Tramfahrer trägt eine hohe Verantwortung, und manchmal muss es schnell gehen.

Als ob die Tram gleich die Wäsche abhängen würde:

Dieser markante Streckenabschnitt befindet sich auf der Linie 28E in der Nähe des Klosters São Vicente.

WELCHE STRASSENBAHNEN SIND AUF LISSABONS SCHIENEN UNTERWEGS?

• insgesamt 48 Straßenbahnen (63 Triebwagen im Bestand)

• Bei den historischen Elétricos handelt es sich um »Remodelados«, also um modernisierte Altbautriebwagen. Nach den Mailänder Ventottos sind sie die ältesten planmäßig eingesetzten Straßenbahnen Europas. Diese Remodelados wurden zwischen 1935 und 1940 als Zweirichtungsfahrzeuge gebaut und 1995/96 aufgearbeitet. Bei der Umrüstung wurde der zweite Führerstand entfernt und für das Rückwärtsfahren ein Hilfsfahrschalter eingebaut. Technisch wurden sie mit neuen Fahrgestellen (von MAN) und elektrischer Ausrüstung (von Kiepe) modernisiert. Dabei wurde ihre Leistung von 33 auf 50 KW erhöht. Die Elétricos sind 8,38 Meter lang und 2,38 Meter breit. Sie bieten 20 Sitzplätze (2 plus 1) und 38 Stehplätze. Sechs dieser modernisierten Altbautriebwagen wurden für die Stadtrundfahrten rot-weiß lackiert. Die Remodelados sind hauptsächlich auf den Strecken 12E, 18E, 24E, 25E und 28E unterwegs. Zeitweise werden sie auch auf der Strecke 15E eingesetzt. Sie tragen die Nummern 541 bis 585.

• Bei den modernen Trams handelt es sich um Niederflurgelenktriebwagen, die sogenannten »Articulados«. Die Fahrzeuge (von CAF und Sorefame) sind dreiteilig und sechsachsig. Die Länge beträgt 24,02 Meter. Auf der 2+2-Bestuhlung finden 210 Fahrgäste Platz. Sie tragen die Betriebsnummern 501 bis 510

• Besonders schön sind auch die geschmückten Weihnachtstrams »Elétrico de Natal«, die es in verschiedenen Ausführungen gibt, beispielsweise in grün mit stilechtem Weihnachtsmann

Mit der Weihnachtstram zu fahren, ist immer ein besonders schönes Erlebnis für Jung und Alt.

Um Mundo Melhor
A Better World
735
Elétrico dos Sonhos
Tram of Dreams
carris

Es gibt verschiedene Weihnachtstrams, aber alle haben ... ...

... einen freundlichen Weihnachtsmann als Fahrer. Feliz Natal!

In der Nähe des Cais das Colunas kann man den Tejo, die Lebensader der Stadt, genießen.

Links von der Ponte de 25 Abril sehen Sie die Cristo Rei-Statue in Almada.

Die Rua Augusta ist mit dem Duft gerösteter Kastanien erfüllt, verkauft werden sie im Dutzend.

Ein ungewohntes Vergnügen in Lissabon: Schlittschuhlaufen auf der Praça do Comércio.

Die Garten-Bibliothek ist eine der Besonderheiten des Estrela-Parks.

Es gibt zwar das Kastanien-Festival am 24.11., aber die eigentliche Ess-Kastanien-Zeit beginnt am 11. November.

Die Stadt als glitzerndes Schmuckkästchen, fotografiert vom Miradouro de São Pedro de Alcântara.

NACHWEIS DER ZITIERTEN WERKE:

Döblin, Alfred: Schicksalsreise, Düsseldorf 1993
Eça de Queiroz: Die Hauptstadt, Berlin 1959
Enzensberger, Hans Magnus: Ach, Europa!, Frankfurt am Main 1987
Kirchhoff, Bodo: Parlando, Frankfurt am Main 2001
Mello Breyner Andresen, Sophia de: Navegações, 2004
Pessoa, Fernando: Das Buch der Unruhe des Hilfsbuchhalters Bernardo Soares, Zürich 2003, 2006
Pires, José Cardoso: Lissabonner Logbuch, München-Wien 1997
Simmel, Johannes Mario: Es muss nicht immer Kaviar sein, Zürich 1964

WEITERE LITERATUR-EMPFEHLUNGEN:

Antunes, António Lobo: diverse Titel
Grote, Paul: Die Weinprobe von Lissabon
Mercier, Pascal: Nachtzug nach Lissabon
Ponciano, Catrin George: Leiser Tod in Lissabon
Sellano, Luis: Lissabon-Krimireihe, u.a. Portugiesisches Erbe